Ninja Nehls

Diabetes und Nierenerkrankungen bei Katzen

Ninja Nehls

Diabetes
und Nierenerkrankungen
bei Katzen

Oertel+Spörer

Bildnachweis
Titelbild: Dr. Gabriele Lehari
Innenteilbilder:
Dr. Gabriele Lehari S. 16, 18, 20, 28, 35, 41, 42, 55, 61, 63, 69, 72, 78, 83, 89
Edith Werner S. 10, 15, 56, 75, 86
Alle anderen Bilder von der Autorin.

Haftungsausschluss

Bibliografische Information der Deutschen Nationalbibliothek
Die Deutsche Nationalbibliothek verzeichnet diese Publikation in der Deutschen Nationalbibliografie; detaillierte bibliografische Daten sind im Internet über http://dnb.d-nb.de abrufbar.

Postfach 16 42 · 72706 Reutlingen

Lektorat: Dr. Gabriele Lehari
DTP und Repro: raff digital gmbh, Riederich
Druck und Bindung: Oertel+Spörer Druck und Medien-GmbH+Co., Riederich
Printed in Germany
ISBN 978-3-88627-886-2

Inhalt

Vorwort

Zuerst habe ich ein paar Fragen:
Hat Ihre Katze starken Durst? Trinkt sie viel mehr als sonst? Ist die Katzentoilette voller als sonst? Ist Ihr Tier schlapp und kraftlos? Ist Ihr Tier appetitlos? Erbricht Ihr Tier häufiger? Hat Ihre Katze Gewicht verloren? Haben Sie das Gefühl, irgendetwas ist nicht in Ordnung mit Ihrem Tier? Hat sich das Verhalten Ihres Tieres verändert?

Wenn Sie mehrere dieser Fragen mit „Ja" beantworten können, hat Ihr Tier eventuell Diabetes. Die obigen Symptome können jedoch auch auf andere Erkrankungen wie Nieren- oder Schilddrüsenerkrankungen hinweisen. Bei meiner Katze war es Diabetes, der die Symptome ausgelöst hat, und ich konnte jede der Fragen mit „Ja" beantworten. Plötzlich änderte sich alles.

Kurz vor ihrem siebten Geburtstag ging es meiner Katze plötzlich schlecht. Katzen trinken von Natur aus eher wenig und Miez trank auf einmal sehr viel mehr als jemals zuvor. Ihr Appetit blieb zwar gleich und ich machte mir erstmal keine Sorgen mehr, jedoch war ihre Katzentoilette wesentlich voller als sonst. Alles was getrunken wurde, wollte wieder heraus, ebenso das Essen, da es nicht verdaut werden konnte. Sie sah nicht gut aus, irgendwie schlapp und ihr Fell war stumpf und struppig und ihre Kraft ließ nach.
Katzen klettern gern und lieben den Ausblick von oben. Irgendwann rutschte sie vom Kratzbaum ab. Gut, sie lag oft schon oben und versuchte, ihren Schwanz zu fangen, und war dann immer drauf und dran abzustürzen, aber es war nie passiert. Plötzlich passierte es. Dann versuchte sie, auf meine Kommode im Flur zu springen, und konnte sich nicht aus eigener Kraft hochziehen. Auf ihren Lieblingsschlafplatz, den Kühlschrank, ging sie gar nicht mehr, weil sie wahrscheinlich schon zu oft abgestürzt war. Sie hatte keine Muskelkraft mehr, um zu springen und sich selbst hochzuziehen.
Etwas stimmte nicht mit meiner Miez!

Zwischendurch kam mir der Gedanke, dass sie vielleicht krank sein könnte, aber ihre Symptome wurden zwischendurch auch immer wieder besser. An einem Morgen schrie Miez und erbrach sich sehr stark. Ist meiner Katze schlecht, mauzt sie auf eine ganz besondere Art, als würde sie Bescheid sagen oder vielmehr schreien: „Los, komm! Mir ist schlecht!" Ich stand senkrecht im Bett! Danach zögerte ich nicht mehr, schnappte sie und fuhr zum Tierarzt. Nach kurzer Erklärung der Symptome und Blutabnahme bekam ich ganz schnell die Diagnose, die ich schon vermutet hatte: Typ-2-Diabetes.

Es war ein Schock. Das wirklich Schockierende daran war jedoch, dass ich es eigentlich eher hätte merken müssen. Seit 1995 bin ich Typ-1-Diabetikerin. Ich war damals zwölf, als ich nach einer Angina einfach nicht wieder gesund geworden war, und bekam dann eine andere Diagnose, mit der ich nie gerechnet hätte.
Ich war damals schlapp, ständig müde und erschöpft und trank zwei Liter Orangensaft binnen weniger Minuten. Ich trank wie ein Fass ohne Boden. Da meine Eltern mein Verhalten seltsam fanden, trank ich irgendwann sogar heimlich Unmengen aus dem Wasserhahn. Mein Durst war unstillbar. Häufiges Wasserlassen war die Folge, zudem kam ein rapider Gewichtsverlust dazu, da mir ständig schlecht war. Der Körper hat zwar Hunger und der Magen knurrt, wird aber etwas gegessen, wird es sofort erbrochen.
„Iss doch mal was", hieß es, „dann wirst du wieder gesund." Es war leichter gesagt als getan. Ich war zwölf und wollte zum goldenen M und einen Burger essen. Da ich dies immer gern gegessen hatte, taten mir meine Eltern den Gefallen und fuhren mit mir dorthin, aber als ich einen Bissen nahm, war mir sofort schlecht. Ich bekam nichts herunter. Ich lag fast zwei Wochen im Bett und konnte nichts mehr essen. Ich war derart schwach, dass ich es nur von meinem Bett ins Bad und wieder ins Bett zurück schaffte. Irgendwann muss diese Angina doch wieder weggehen! Aber etwas anderes war mit mir passiert. Eines Nachts krampfte ich und schlug um mich. Meine Eltern fuhren mit mir ins Krankenhaus und dort bekam ich meine Diagnose: Typ-1-Diabetes, der auch als Jugenddiabetes bekannt ist.
Mein Blutzucker war hoch und stieg unerbittlich in die Höhe. Soweit ich weiß, halte ich noch immer den traurigen Krankenhausrekord mit einem Maximalblutzucker von 1378 mg/dl! Erst ab diesem Wert gelang es den Ärzten, meinen Blutzucker zu senken. Sie werden später noch einiges über Diabetes und Normalwerte erfahren und der Wert 1378 mg/dl wird Sie umhauen.

Manchmal sieht man den Wald vor lauter Bäumen nicht. Man sieht sein Tier täglich und nimmt manche Veränderungen erst spät wahr – wie gesagt, es handelt sich um einen schleichenden Prozess. Mit der Diagnose des Tierarztes kam die Erkenntnis, dass meine Katze all das durchmachte, was ich damals durchgemacht hatte, und ich, die es eigentlich am besten hätte wissen müssen, es nicht erkannt hatte. Der Gedanke war mir zwar schon ein paarmal gekommen, aber ich tat es immer wieder ab. Abgesehen davon – wie groß ist die Wahrscheinlichkeit, dass eine Typ-1-Diabetikerin eine Katze mit Typ-2-Diabetes hat? Nun, ich vermute mal gering.
Zu dem kommt noch meine berufliche Laufbahn: Ich arbeite als Pharmazeutisch Technische Assistentin, kurz PTA, in der Apotheke, ich bin also pharmazeutisch gebildet und selbst Diabetikerin, man könnte also meinen, dass dies alles beste Voraussetzungen sind für den Umgang und die Pflege von einer Katze mit Diabetes, aber ich hatte anfangs ziemliche Schwierigkeiten.

Es ist eine Erkrankung, die einen zuerst überfordert. Es gibt so viel zu beachten und zu berücksichtigen. Anfangs weiß man nicht, wo einem der Kopf steht, aber man kann es lernen! Es ist die Umstellung des Lebens und der Gewohnheit der Katze und auch des eigenen Lebens. Man muss erst lernen, mit dieser Veränderung zurechtzukommen. Tiere können sich nicht mitteilen, sie können uns nicht sagen, wie es ihnen geht, aber wir können lernen, auf ihr Verhalten zu achten und ihnen zu helfen. Am Anfang ist es schwer, sich an die Veränderungen zu gewöhnen, aber wie heißt es doch gleich? „Aller Anfang ist schwer" und ich versichere Ihnen, es wird leichter.

Ich hoffe, dass Ihnen dieser Ratgeber bei der Umstellung der Routine Ihrer Katze hilft, gut mit dieser Erkrankung zu leben und für alle Eventualitäten gewappnet zu sein, denn ich weiß selbst, wie es sich anfühlt und was man durchmacht. Vielleicht kann ich damit den einen oder anderen Einblick in diese Erkrankung ermöglichen.
Meiner Miez geht es heute gut. Sie hat abgenommen und Ihre Medikamentendosis an Insulin wurde halbiert. Sie ist auf einem guten Weg und ich hoffe, dass sie bei weiterem Gewichtsverlust bald ganz auf Medikamente verzichten kann. Wir beide haben mittlerweile eine sichere Routine in unseren Erkrankungen gefunden und können gut damit leben. Jeder Tag ist eine neue Chance, es besser zu machen!

Diabetes bei Katzen

Das beliebteste Haustier der Deutschen ist noch immer die Katze. Angeblich leben 12 Millionen Katzen in Deutschland. Manche Tiere leben nur in der Wohnung, manche sind Teilfreigänger, andere sind Freigänger. Ein Tier, das sich als Freigänger ernährt, das heißt viel Bewegung hat und sich auch hauptsächlich selbst bewegen muss, um an Nahrung zu kommen, hat mit Diabetes meist keine Probleme. Teilfreigänger, die noch zusätzlich von Frauchen oder Herrchen Futter bekommen, oder die klassischen Stubentiger, die keine Kralle krümmen müssen, um an ihr Essen zu gelangen, haben ein erhöhtes Risiko zu erkranken. Schätzungen zufolge tritt bei jedem 200. Tier Diabetes auf. Das sind etwa 57.000 betroffene Katzen!

Meine Tierärztin sagte, dass es manchmal einfach Veranlagung ist, oft aber, um nicht zu sagen in den meisten Fällen, das Körpergewicht die Ursache ist. In der Regel hängt alles vom Körpergewicht ab. Je kräftiger oder schwerer das Tier, desto höher das Diabetes-Risiko. Leider sind bei Hauskatzen daran die Besitzer schuld. Man meint es einfach zu gut und gibt seinem Liebling hier ein Leckerli und da ein Leckerli und am Ende bleiben die ganzen Leckerlis auf den Hüften des Lieblings.

Heutzutage ist nicht nur Diabetes eine Erkrankung, die durch (falsche) Ernährung ausgelöst werden kann, auch Magen-Darm-Erkrankungen, Allergien und Nierenerkrankungen sind auf dem Vormarsch. Woran Herrchen und Frauchen sonst erkranken, hat nun auch das Haustier. Neben dem Diabetes zählen besonders Nierenerkrankungen zu den häufigsten Erkrankungen von Katzen. Und auch hierzu finden Sie in diesem Buch weiter hinten wertvolle Informationen.

Die Tierfutterindustrie stellt Unmengen von Produkten her, die aber nicht alle gleich gut empfehlenswert sind. Wir alle lieben unsere Tiere, wir wollen, dass es ihnen gut geht, sie gesund sind und auch, dass es ihnen schmeckt. Manche Produkte essen unsere Tiere gern, aber die Qualität lässt manchmal Wünsche offen, zudem können Zusätze wie Zucker unser Tier krank machen. Versteckte Kohlenhydrate oder Deklarationen, die sich schwer zuordnen lassen, können den Kauf beschwerlich machen.
Und dann gibt es spezielle Produkte wie Futter für kleine Kätzchen, für Senioren, für Über- und Untergewichtige usw. – für alle ist etwas dabei, aber es können viele Mogelpackungen darunter sein. Hier soll gezeigt werden, wie man die Produkte am besten bewerten kann und auf versteckte Gesundheitsfallen aufmerksam wird.

Mit richtiger Ernährung, Bewegung und den passenden Medikamenten kann man Diabetes gut in den Griff kriegen.

Dieses Buch soll helfen, einen Überblick über das Futterangebot und die Zusammensetzung zu geben, Tipps für die sportliche Betätigung des Tieres zu liefern und zum Verständnis der Arzneimittel beizutragen. Ebenso möchte ich Sie auf Notsituationen wie Unterzuckerungen vorbereiten, damit Sie im Notfall Ihrer Katze sofort helfen können. Diabetes ist eine Erkrankung, mit der man zu leben lernen kann.

Was ist Diabetes?

Diabetes ist eine Stoffwechselerkrankung, unter der allein in Deutschland etwa 6 % der Bevölkerung leiden. Bei 82 Millionen Menschen sind das 4,92 Millionen Betroffene. Auch bei Katzen ist die Erkrankung auf dem Vormarsch. Entdeckt

Diabetes wird auch Zuckerkrankheit genannt, hat aber mit der Aufnahme von Zucker direkt nichts zu tun.

wurde die Erkrankung 1675 von Thomas Willis. Übersetzt heißt Diabetes „honigsüßer Durchfluss“. Man sammelte früher Urin von Erkrankten und diagnostizierte per Geschmacksprobe, ob Zucker ausgeschieden wurde, oder man beobachtete, ob Ameisen sich auf die Urinprobe stürzten. Ein anderer Name, unter dem Diabetes bekannt wurde, ist Zuckerkrankheit.

Energie bekommt der Körper durch die Verarbeitung von Kohlenhydraten, die er mit der Nahrung aufnimmt. Die Kohlenhydrate werden u. a. in Zucker, genauer gesagt Glukose, gespalten und Insulin sorgt dafür, dass die Glukose in die Zellen gelangt und dort in Energie umgewandelt wird.

Gebildet wird Insulin im **Pankreas (Bauchspeicheldrüse)**, dies ist ein kleines Organ mit Sitz im Oberbauch, beim Menschen in der Form einer Peperoni. Bei Katzen hat die Bauchspeicheldrüse die Form eines „Y“. Sie ist für die Freisetzung und Bildung wichtiger Verdauungsenzyme zuständig. In diesem Organ befinden sich u. a. inselartig angehäufte Zellverbände, die sogenannten Langerhans'schen Inseln. Sie wurden 1869 entdeckt.

Insulin ist ein Hormon, das in den Betazellen dieser Langerhans'schen Inseln der Bauchspeicheldrüse gebildet wird. Sie sind also speziell für die Insulinbildung zuständig.

Beim Diabetes kommt es zu einer Störung des Transports von Glukose in die Zellen. Die Ursache dafür ist ein teilweises oder sogar komplettes Fehlen an Insulin. Ohne Insulin bleibt der Zucker im Blut und kann nicht von den Zellen zur Energiegewinnung aufgenommen werden.

Die Zellen werden bei einem **Typ-1-Diabetes** durch eine selbstzerstörerische Reaktion, eine sogenannte Autoimmunreaktion, zerstört. Die Reaktion wird oft durch Viren, wie etwa dem Coxsackie-Virus (einem Virus, der Erkältungen und Hirnhautentzündungen verursacht) oder dem Röteln-Virus ausgelöst.

Beim Menschen wird vermutet, dass u. a. eine zu kurze Stillzeit, ein Vitamin-D-Mangel in der Kindheit, aber auch der Verzehr von Bafilomycinen an der Entwicklung von Diabetes beteiligt sein können. Bafilomycine sind faule Stellen an Gemüse, wie z. B. die Augen an Kartoffeln.

Bei **Typ-2-Diabetikern** wird der Diabetes in der Regel durch Übergewicht oder Veranlagung ausgelöst. In der Tierwelt ist es meist ein Typ-2-Diabetes, der durch Übergewicht entstanden ist.

Funktion der Bauchspeicheldrüse

Pro Tag werden beim Menschen ein bis anderthalb Liter Bauchspeichel produziert. Darin enthalten sind kohlenhydrat-, eiweiß- und fettspaltende Enzyme. Alpha-Amylase spaltet Kohlenhydrate. Trypsin, Chymotrypsin und Carboxypeptidase spalten Eiweiße. Die Fettspaltung erfolgt durch Lipase, Phospholipase und Enterase. Die Enzymfreisetzung wird durch Reizung der Geruchs- und Geschmacksnerven ausgelöst. Ebenso erfolgt ein Freisetzungsreiz über den Dehnungsreiz im Magen, wenn etwas gegessen wurde.

ZUM VERSTÄNDNIS

Wem es jetzt etwas zu kompliziert geworden ist – hier ein anschaulicher Vergleich:
Man stelle sich vor, dass der Körper ein Auto ist, egal ob nun Fiat Panda oder Porsche Carrera, einfach nur ein Auto. Suchen Sie sich ruhig ein Auto Ihrer Wahl aus.

Jedes Auto braucht Kraftstoff, denn ohne Energie läuft nichts. Damit das Auto starten und der Kraftstoff in den Motor fließen kann, muss man die Zündung betätigen und dafür braucht man den Zündschlüssel, dann erst kann Kraftstoff einspritzen und der Motor auf Hochtouren laufen. Ein Auto kann vollgetankt sein, aber hat man keinen Schlüssel, kann man nicht losfahren.

Beim Diabetes ist es ähnlich.
Jeder Körper (Auto) braucht Nahrung (Kraftstoff), um Energie zu haben und bei Kräften zu bleiben. Damit Nahrung als Energie in die Zellen (Motor) aufgenommen werden kann, braucht man Insulin, ein vom Körper gebildetes Hormon (Zündschlüssel). Ohne Insulin kann der Körper keine Energie umwandeln. Man verhungert.

Hier noch ein anderes Beispiel:
Sie haben Essen gekauft und um es zubereiten zu können, müssen die Einkäufe in die Küche gebracht werden, aber die Küchentür ist zu. Verschlossen. Sie haben die Hände voll, aber ein Freund steht in der Küche und öffnet die Tür. Sie können endlich kochen und werden satt. In diesem Beispiel ist der Freund, der Ihnen die Tür öffnet, das Insulin.

Bei Katzen gibt es den Unterschied, dass u. a. im Katzenspeichel keine Amylase enthalten ist, weil von Natur aus die Ernährung auf Eiweiße und Fette, aber nicht auf Kohlenhydrate ausgelegt ist. Katzen können bis zu 40 % Kohlenhydrate und Fett in der Trockenmasse tolerieren. Dies sind etwa 5 g Kohlenhydrate und Fett pro Kilogramm Körpergewicht. Durch die fehlenden Enzyme können Kohlenhydrate aber nicht richtig verstoffwechselt werden und bleiben somit länger im Körper, bis sie letztendlich nach und nach verarbeitet werden können.

Die Bauchspeicheldrüse hat aber eine noch wichtigere Aufgabe zu erfüllen: die Bildung von Hormonen. Die Zellen der Bauchspeicheldrüse bestehen zu 70 % aus Betazellen, zu 20 % aus Alphazellen und zu 10 % aus Deltazellen.

- Die **Betazellen** sind zuständig für die Bildung von Insulin, das wichtig ist für die Aufnahme von Glukose und Aminosäuren ins Blut, Bildung von Fetten aus Glukose, Hemmung der Umwandlung von Eiweiß zu Glukose und Glukagonbildung in Leber und Muskel. Insulin steigert zusätzlich den Abbau von schädlichen Glukoseanlagerungen im Körper. Wenn 80 bis 90 % der Betazellen zerstört sind, zeigen sich die ersten Krankheitssymptome und ein Typ-1-Diabetes entwickelt sich.
- **Deltazellen** bilden Somatostatin, ein Hormon, das die Freisetzung von Wachstumshormonen hemmt.
- In den **Alphazellen** wird Glukagon produziert, dass der Gegenspieler des Insulins ist. Bei Unterzuckerung (siehe Seite 62ff.) wird Glukagon freigesetzt, damit der Blutzuckerspiegel (siehe Seite 19ff.) wieder ansteigen kann. Die Bildung von neuem Zucker kann man sich vorstellen wie eine Aktivierung der Energiereserven.

Bei Katzen ist der Stoffwechsel nicht dafür eingerichtet, große Mengen an Kohlenhydraten abzubauen.

Die verschiedenen Typen

Es gibt wichtige Unterscheidungen bei Diabetikern: Typ 1, Typ 2 und Typ 2a. 10 % aller Diabetiker sind Typ-1-Diabetiker und die restlichen 90 % verteilen sich auf die Diabetiker vom Typ 2 und Typ 2a. Beim Menschen unterscheidet man weitere Gruppierungen, wie beispielsweise der Gestationsdiabetes, besser bekannt als Schwangerschaftsdiabetes. Bei Tieren ist es in der Regel ein Typ-2-Diabetes.

- **Typ 1:** Es liegt ein totaler Insulinmangel vor. Der Autoschlüssel ist verloren gegangen, man muss sich immer wieder einen Ersatzschlüssel besorgen oder man hat keine Freunde, die einem die Tür öffnen, und muss erst jemanden einladen.
- **Typ 2:** Es mangelt an Insulin. Der Schlüssel passt nicht richtig, man muss daran herumruckeln, damit er optimal passt, oder man hat zwar einen Freund zu Hause, aber er ist gerade nicht in der Küche, um die Tür zu öffnen.
- **Typ 2a:** Die Zellen haben sich verändert. Der Schlüssel ist genau, wie er sein soll, aber das Schloss hat sich verändert.

Extremer Durst ist ein typisches Symptom für Diabetes.

Symptome

Einen Krankheitsverdacht auf Diabetes kann man aus den Krankheitssymptomen schließen. Wie bereits erwähnt können die Symptome auch auf andere Erkrankungen hinweisen und daher ist eine Abklärung beim Tierarzt unumgänglich.

Bei Katzen kommen die Symptome für Diabetes meist schleichend. Den Mangel oder das sich anbahnende Fehlen von Insulin versucht der Körper anfangs mit verstärkter Insulinproduktion zu kompensieren, bis die Bauchspeicheldrüse fast komplett erschöpft ist. Die Dauer dieser Reaktion kann von Tier zu Tier variieren. Es kann sich bis über mehrere Wochen hinstrecken. Man merkt erst nach und nach die Veränderung am Tier und an seinem Verhalten.

Die typischen Symptome sind:

- extremer Durst
- starker Harndrang
- Heißhunger oder Appetitverlust
- stärker gefüllte Katzentoilette
- Gewichtsverlust
- Kraftlosigkeit, Abgeschlagenheit
- Übelkeit, Erbrechen
- Austrocknung*
- Krämpfe
- Koma und Tod im schlimmsten Fall

(* Eine Austrocknung (Dehydrierung) ist durch einen Griff feststellbar: eine Hautfalte bilden und loslassen. Bleibt die Falte stehen, ist das Tier ausgetrocknet. Man kann es an der eigenen Hand ausprobieren. Achten Sie auch auf die Nickhaut der Katze. Diese Bindehaut am Auge ist bei verschiedenen Erkrankungen (Wurmbefall, Katzenschnupfen usw.) sichtbar, aber ebenso bei Austrocknung.)

Es ist anfangs ein schleichender Prozess und da man sein Tier ja täglich sieht, merkt man es nicht so schnell. Durst ist das offensichtlichste Krankheitsanzeichen. Der Blutzucker steigt und der Körper versucht, die hohe Blutzuckerkonzentration „herunter zu verdünnen“. Dazu braucht man Flüssigkeit. Durst ist die Folge.

Dem Körper fehlt Insulin, um das Essen verdauen und Essen in Energie umwandeln zu können. Dies ist nicht möglich und es kommt zu Abgeschlagenheit, Kraftlosigkeit und Gewichtsverlust. Das Tier kann noch Appetit haben und essen, kann aber keine Energie daraus gewinnen. Das Tier isst, ist aber im Grunde dabei

zu verhungern, weil die Nahrung nicht in Energie umgewandelt werden kann. Oft reagiert der Körper danach mit Erbrechen. Die Nahrung kann nicht verdaut werden und wird schnell herausbefördert.
Insulin ist wichtig zur Speicherung von Körperfett. Ohne Insulin geht die Depotwirkung verloren. Bei erhöhten Blutzuckerwerten wird Fett und besonders viel Eiweiß abgebaut und in sogenannte ketogene Aminosäuren umgewandelt, aus denen Ketonkörper entstehen, die für Übelkeit, Erbrechen, Gewichtsverlust und Muskelschwund verantwortlich sind. Der Körper übersäuert.
Bei den Symptomen wird auch oft eine Schwäche speziell an den Hinterläufen bemerkt. Manche Tiere wiederum verweigern die Nahrung komplett, dies ist natürlich hilfreicher bei der Feststellung der Erkrankung. Man merkt schneller, dass etwas nicht stimmt, wenn sein Haustier nichts mehr isst.

Anfangs bildet der Körper noch etwas Insulin, aber meist zu wenig; der schleichende Prozess wird somit schneller und schneller. Das Tier magert ab und ist meist auch sehr schnell ausgetrocknet, was gefährlich werden kann. Es kann auch vorkommen, dass der Körper mit Krämpfen reagiert. Dies ist meist eines der letzten Zeichen, bevor ein Koma eintreten kann, das oft zum Tode führt.

Es gibt drei Möglichkeiten den Diabetes nachzuweisen:

- Messung der Glukose im Blut
- Fruktosamin-Messung im Blut
- Messung der Glukose im Urin

Eine Schwäche kann auch Anzeichen für Diabetes sein.

Der Blutzuckerspiegel

Beim Arzt wird der Blutzuckerspiegel bestimmt. Um feststellen zu können, wie gut oder wie schlecht ein Diabetiker mit seinen Werten eingestellt ist, misst man den Blutzucker. In Deutschland ist die gängige Messeinheit mg/dl. Dies bedeutet, bei einem Wert z. B. von 271 mg/dl, dass 271 Milligramm Zucker in 1 dl (= 10 ml) Blut gelöst sind. Im Ausland werden Blutzuckerwerte in mmol/l gemessen. Der Richtwert entspricht 3,7 bis 6,9 mmol/l.
Um auf das Auto-Thema zurückzukommen: Der Blutzuckerspiegel lässt sich mit den Umdrehungen des Autos oder den Stundenkilometern vergleichen.

Beim Menschen:

Über 180 mg/dl	**Hyper! Überzuckerung**
120-180 mg/dl	Überzuckerung droht
80-120 mg/dl	**Zielbereich**
60-80 mg/dl	Unterzuckerung droht
Unter 60 mg/dl	**Hypo! Unterzuckerung**

Unser Beispiel-Auto läuft am besten mit 80 bis 120 km/h. Man sagt, beim Menschen ist bis 160 mg/ml alles im Lot. Unter 60 km/h stottert der Motor und droht stehen zu bleiben und weit über den 120 km/h überhitzt der Motor (naja, kein Motor ist perfekt!) und droht bei längerer Fahrt in diesem Bereich Schaden zu nehmen.
Ist der Blutzucker zu hoch, hungern die Körperzellen nach Glukose, da sie wegen des Insulinmangels nichts aufnehmen und verwerten können.

Bei Katzen entspricht der Blutzuckeridealwert 75 bis 150 mg/dl, als Normalbereich gilt 100 bis 300 mg/dl!

Sie haben bestimmt die Differenz bemerkt. Bei Tieren und der schwierigen Kontrolle der Werte wird in der Regel ein Auge zugedrückt. Ein Tier in dem Normalwert zu halten, ist schwierig. Das liegt an den Futtermitteln und den undeutlichen Deklarationen sowie an dem Tier selbst. Stellt man Trockenfutter für sein Tier bereit, weiß man nicht, wie viel es davon zu sich nimmt.

Ist die Katze gut eingestellt, kann sie auch mit Diabetes ein normales Leben führen.

Ein Mensch spritzt sein Insulin abhängig von dem, was er essen möchte, sodass sich sein Blutzucker im Gleichgewicht hält. Beim Menschen entsprechen 10 g Kohlenhydrate 1 KE (Kohlenhydrateinheit), so ist eine halbe Scheibe Brot von 25 g ungefähr 1 KE. Der menschliche Diabetiker ermittelt seinen Blutzuckerwert und errechnet anhand seines Essens die benötigte Insulinmenge. Bei seinem Tier tappt man da oft leider im Dunkeln, da man die genaue Wertigkeit des Futters schwer ermitteln kann. Daher ist man großzügiger und versucht, Tiere auf Werte von 100 bis 300 mg/dl einzustellen.

Um eine gesunde Katze zu haben, ist es wichtig den Blutzucker im Gleichgewicht zu halten. Zu niedrige Werte können gefährlich sein und für Unterzuckerung (siehe Seite 62ff.) sorgen und zu hohe Werte, also Überzuckerung (siehe Seite 58ff.) können dauerhaft den Körper schädigen, weil dadurch Gefäße und Nerven zerstört werden. Eine optimale Einstellung des Blutzuckers sowie genügend Bewegung und passende Ernährung sind wichtig. Es kann manchmal mehrere Wochen dauern, bis man die richtige Einstellung und die passende Ernährung gefunden hat.

Verschiedene körpereigene Faktoren sorgen für den Anstieg des Blutzuckers. Schilddrüsenhormone, Glukagon, Adrenalin, Kortisol und Wachstumshormone werden freigesetzt, um den Zucker zu erhöhen. Bei Unterzuckerungen kann diese Gegenregulation von Vorteil sein. Ein Mensch merkt erst, dass er unterzuckert ist, nachdem der Körper mit Abgabe der oben genannten Hormone versucht hat gegenzuregulieren. Diese Gegenregulation kann auch ein Nachteil sein, denn morgens nach dem Aufstehen schießen Schilddrüsen- und Wachstumshormone ein und wirken erhöhend auf den Blutzucker. Dies ist ein ganz natürlicher Prozess, den wir nicht aufhalten können.

In Stresssituationen beim Arzt, wie zum Beispiel bei der Blutzuckerkontrolle oder – mit anderen Worten – bei der Blutabnahme, wird Adrenalin freigesetzt. Durch das Stresshormon Adrenalin wird der Blutzucker künstlich erhöht und der gemessene Wert verfälscht. Hier lohnt es sich, sein Tier für einen Tag beim Tierarzt zu lassen, damit er ein Tagesprofil erstellen kann. Das Tier bekommt morgens einen Zugang gelegt und wird nicht ständig gestresst wegen einer Blutannahme. Alle zwei bis drei Stunden wird aus dem Zugang Blut gezapft und in der Praxis analysiert. Erkundigen Sie sich bei Ihrem Tierarzt, ob Tagesprofile möglich sind. Tierkliniken bieten dies in der Regel immer an. Die Werte sind realistisch und nicht künstlich verfälscht durch übermäßigen Stress. So kann man sich einen besseren Überblick über die Einstellung des Tieres mit Medikamenten machen.

Mithilfe von passender Ernährung (siehe Seite 28ff.) und Insulin (siehe Seite 44ff.) können wir so den Blutzucker im Zielbereich halten. Unser Beispiel-Auto läuft lange und kommt durch den TÜV. Also:

Unserem Tier geht es gut! Es kann dadurch ein langes, gesundes Leben führen – und genau das ist es, was wir wollen!

Langzeitblutzuckerwert

Es gibt auch die Möglichkeit der Bestimmung des Langzeitblutzuckerwertes. Diesen Wert nennt man beim Menschen Hb1Ac-Wert, der wie ein Gedächtnis für Blutzuckerwerte ist. Glukose kann in hohen Konzentrationen mit Eiweißen nicht enzymatisch reagieren. Die Struktur und die Funktion von Eiweißen verändern sich. Es heftet sich Zucker an Hämoglobin, das **Hb1Ac**, also ein rotes Farbstoffteil, das über sechs bis zwölf Wochen den Werteverlauf speichert. Dieser Wert hilft Ärzten bei der Kontrolle der Blutzuckereinstellung. Je niedriger dieser Wert ist, desto besser. Beim Menschen ist der angestrebte Wert, um Spätfolgen vorzubeugen, unter 7,5 %.

Beim Tier misst man den **Fruktosaminwert**, den man mit dem Hb1Ac-Wert im Prinzip vergleichen kann. Hierunter versteht man die Verbindung aus Zucker und Eiweißen, hauptsächlich das Albumin. Jedoch gibt der Fruktosaminwert nur Aufschluss über den Glukosespiegel der letzten zwei bis drei Wochen.
Der Fruktosaminwert sollte **340 µmol** (Mikromol) nicht überschreiten. Ist der Wert erhöht, kämpft der Körper Ihrer Katze schon länger mit erhöhten Blutzuckerwerten. Ein erhöhter Fruktosaminwert schließt fälschlich erhöhte Blutzuckerwerte aus und bestätigt einen vorliegenden Diabetes.

Urinuntersuchung

Tierärzte führen auch gern **Urinuntersuchungen** durch. Dies wird jedoch nur aus Kontrollgründen mitgemacht, um einen Bakterienbefall der Blase auszuschließen. Durch Überzuckerung kann es leicht zur Ansiedelung von Bakterien kommen, die sich durch Zucker schnell und stark vermehren. In Stresssituationen ist der Blutzuckerwert erhöht und dadurch leider auch der Zucker im Urin. Es gibt eine sogenannte Urinschwelle. Beim Menschen ist dieser Schwellenwert variabel. Ab einem gewissen Blutzuckerwert wird auch Zucker an den Urin abgegeben. Wenn Glukose im Urin nachweisbar ist, sind die Blutzuckerwerte meist längere Zeit erhöht. Wie wir bereits gelernt haben, können Stresssituationen den Blutzucker erhöhen und dadurch entsteht ein erhöhter Urinzucker. Urintests sind also diagnostisch nicht zuverlässig in ihrer Aussagekraft, sie dienen lediglich der zusätzlichen Kontrolle.
Um selbst Urintests durchführen zu können, gibt es spezielle Katzenstreu, die nicht aufsaugend ist, sodass man mit einer Spritze den Katzenurin aufnehmen kann, um einen Test durchzuführen.

Bei Miez habe ich mit Urin-Teststreifen bewaffnet darauf gewartet, dass sie mal muss. Nehmen Sie, wenn möglich, das Dach der Katzentoilette ab, um besseren Zugang zum Tier zu haben. Wem das Halten des Streifens unter die Katze aus Angst vor Spritzern unangenehm ist, der sollte Handschuhe tragen – zur Sicherheit. Falls Sie Teststreifen gekauft haben, die neben Glukose und Bakterien (Nitrat) auch Leukozyten, also weiße Blutkörperchen, im Urin testen, möchte ich Folgendes sagen: Leukozyten werden bei Urintests von Katzen **immer** angezeigt. Also wenn Sie ein positives Ergebnis bei den Leukozyten haben, entspannen Sie sich, dieses Ergebnis wird laut Aussage von Tierärzten **immer** falsch angezeigt. Einfach ignorieren oder zur Kontrolle lieber gleich zum Tierarzt gehen!

Blutzucker selbst messen

Es ist möglich, den Blutzucker seines Tieres selbst zu messen. Zum Zubehör gehört erst einmal ein gutes Blutzuckermessgerät. Diese Geräte, auch Glukometer genannt, bekommen Sie in Apotheken. Bekannte und gute Geräte sind z. B. Accu Chek® Aviva, Contour® Next, One touch select®, FreeStyle usw. Mein persönlicher Favorit und daher auch meine Empfehlung an Sie ist das Accu Chek® Aviva-Messgerät, weil hier auch kleine Mengen an Teststreifen angeboten werden. Man bekommt Teststreifen in Packungsgrößen von 10 und 50 Stück. Eine Packung ist in der Regel ein bis anderthalb Jahre haltbar.

Andere Hersteller haben auch gute Geräte, jedoch waren das Accu Chek® Aviva und das Contour® Next Testsieger für genaueste Messungen, die aus dem Kapillarblut gemessen wurden. Beim Contour® Next gibt es mittlerweile auch Packungsgrößen von 25 und 50 Stück und wenn Sie schon so viel Geld ausgeben, wollen Sie bestimmt auch nicht die Hälfte davon wegwerfen, weil die Testreifen abgelaufen sind. Aber es liegt ja an Ihnen, wie oft Sie die Werte Ihres Tieres kontrollieren.

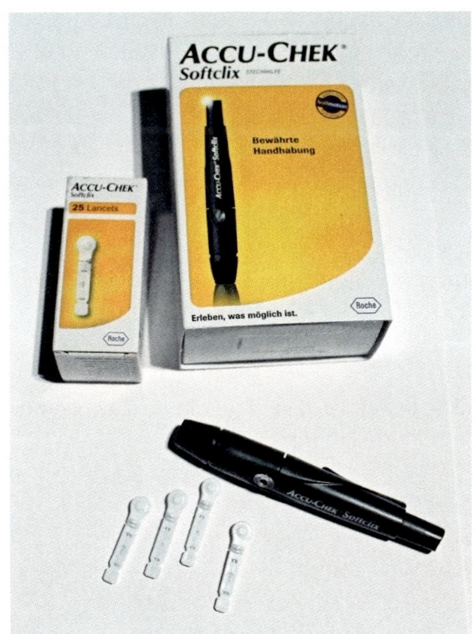

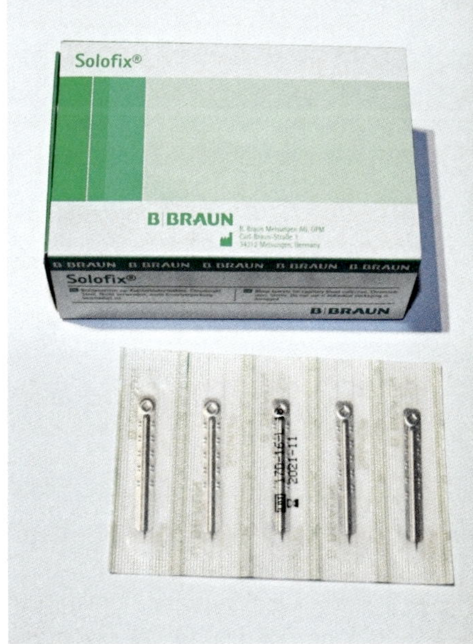

Mithilfe solcher Lanzetten oder Stechhilfen kann man der Katze den für die Messung benötigten Tropfen Blut abnehmen.

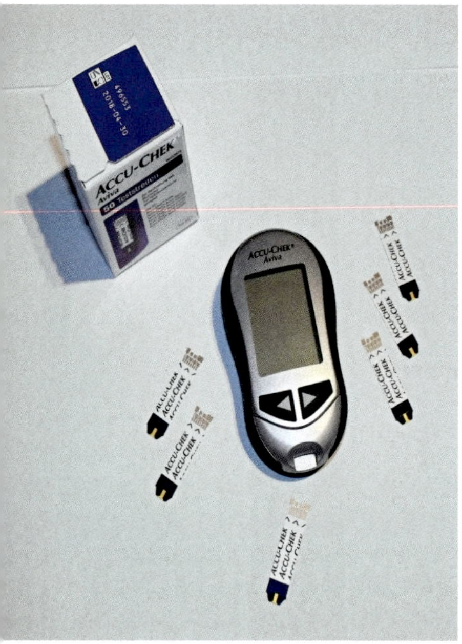

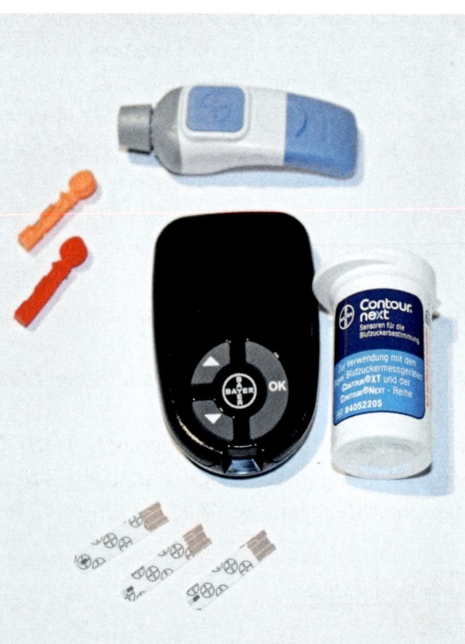

Zwei Beispiele für Blutzuckermessgeräte und Teststreifen.

Als tiermedizinisches Blutzuckermessgerät ist der Alpha Trak® von Abbott Laboratories bekannt, der mit einer Menge von 0,3 Mikroliter nur wenig Kapillarblut zur Ergebnisanzeige benötigt.

Was brauche ich zum Blutzuckermessen?

- Stechhilfe (z. B. Accu Chek® Fastclix oder Softclix) oder Einmallanzetten (z. B. Solofix®)
- Tupfer oder Taschentuch
- zu dem Blutzuckermessgerät passende Teststreifen

Durchführung

Es kann eine Zeit dauern, bis Sie Ihr Tier an die regelmäßige Blutzuckerkontrolle gewöhnt haben, aber wir wissen ja: Aller Anfang ist schwer.
Das Blut wird am besten einer Ohrvene oder aus den Ballen entnommen. Versuchen Sie, für Routine zu sorgen. Am besten gewöhnen Sie Ihre Katze an Belohnungen, wenn sie sich messen lässt. Streicheleinheiten und Leckerlis können ein Anreiz für Ihr Tier sein. Auch der Ort der Messung kann für Routine sorgen. Das Tier weiß, was passiert, wenn es an diesem Ort ist.

- Bereiten Sie das Blutzuckermessgerät vor, das heißt, schalten Sie das Gerät ein und stecken Sie den Teststreifen in das Gerät. Auf dem Gerät erscheint das Symbol für einen Blutstropfen. Das Gerät ist bereit.
- Benutzen Sie eine Stechhilfe oder nehmen Sie eine Lanzette und piksen Sie in die Ohrvene oder den äußeren Bogen des Ohres der Katze oder in den Fußballen des Tieres (siehe Fotos).
- Der Wattepad wird hinter das Ohr gedrückt. Achten Sie darauf, dass das Ohr nicht abgeknickt oder der Blutstropfen aus der Fußbeere nicht abgeschüttelt wird.
- Bildet sich ein Blutstropfen, fangen Sie den Tropfen mit dem Testfeld des Messgerätes auf.
- Das Ergebnis erscheint binnen weniger Sekunden.

Klingt leicht? Ist es nicht unbedingt. In der Ohrinnenseite der Katze findet man eine Ader, die man treffen muss. Mit einer Taschenlampe kann man das Ohr durchleuchten, um die Ader besser zu finden. Mit der Stechhilfe trifft man an-

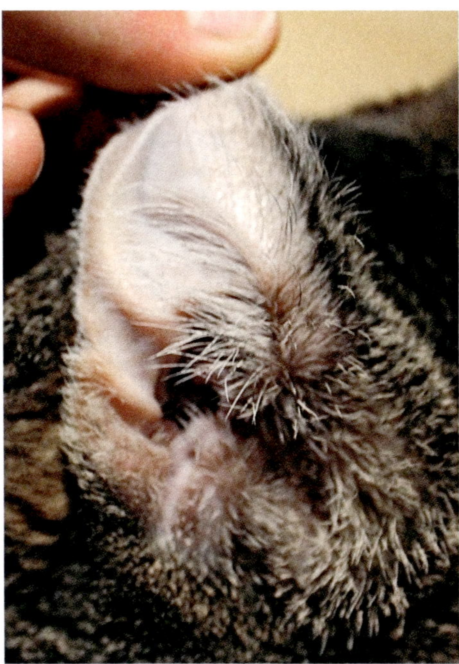

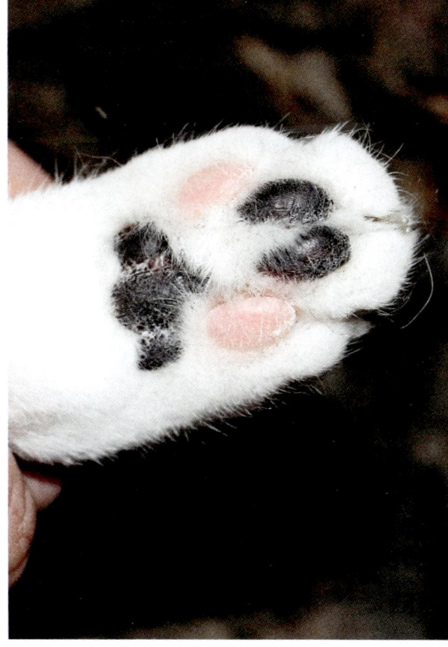

Das Blut entnimmt man entweder aus einer Ohrvene (links) oder aus dem Pfotenballen (rechts).

fangs auf Anhieb nicht ganz so gut, aber mit Übung klappt es umso besser. Auch an dem äußeren Bogen des Ohres, der Ohrrandvene, kann man Blut gewinnen. Leichter ist es, das Ohr mit einer Einmallanzette, wie den Solofix®-Lanzetten, anzuritzen. Das Gleiche gilt für die Ballen der Pfote. Das Tier ruhig zu halten, ist am schwierigsten. Zappelt Ihr Tier zu viel herum, können Sie es mit einer Decke kurz abdecken.
Um die Durchblutung anzuregen, kann man das Ohr des Tieres reiben oder einen warmen Lappen daranhalten, bevor man mit der Stechhilfe oder der Lanzette einsticht. Achten Sie bitte drauf, dass der warme Lappen nicht zu feucht ist, sonst könnte das Blut dadurch verdünnt werden.

Ab und zu steht in Foren, dass man dafür auch Vaseline benutzen kann, davon möchte ich aber abraten, da Überreste der Vaseline mit dem Blut zusammen eine Fehlmessung ergeben können.

Ein kleiner Pikser in die richtige Stelle an Pfote oder Ohr genügt schon. Die Katze kann man zur Messung am Ohr besser festhalten, jedoch ist es schwer, die Ader auf Anhieb zu treffen. Als meine Katze einmal unterzuckert war und ich ihren Blutzucker messen wollte, habe ich ihr das halbe Ohr mit der Stechhilfe zerstochen und immer noch keinen Blutstropfen bekommen.
An der Fußbeere, dem dickeren Mittelbereich der Pfote, ist es schon leichter Blut zu gewinnen, man muss jedoch das Tier ruhig halten.
Achten Sie darauf, dass die Katze sich nicht schüttelt, wenn Sie endlich einen Blutstropfen haben. Es wäre zu schade, endlich einen Tropfen gewonnen zu haben, der danach abgeschüttelt wird.

Auf die „Wunde“ des Tieres können Sie bei Bedarf einen Tupfer oder ein Taschentuch drücken. Die Blutgerinnung sorgt für den Rest und die Blutung lässt bald nach. Das geht schneller als man denkt.

Können Sie sich vorstellen, dass die Blutzuckermessung einige Minuten beansprucht und dass Ihr Tier so lange stillhält? Nein. Nun, bei meiner Miez ist es nicht anders. Machen Sie sich nicht verrückt, wenn es nicht so gut klappt. Sie können das Blutzuckerzubehör auch mit zum Tierarzt nehmen und sich vor Ort Tipps einholen. Ein guter Tierarzt wird Sie unterstützen. Alternativ können Sie Ihr Tier auch mal einen Tag zum Tierarzt zum Erstellen eines Tagesprofils, wie schon vorher beschrieben, geben. Das ist leichter für Sie und Ihr Tier und gibt dem Tierarzt gleich einen optimalen Überblick über den Blutzuckerverlauf Ihres Tieres. Wollen Sie den Blutzucker selbst bestimmen, beachten Sie bitte die eigene Verletzungsgefahr, falls Ihre Katze zappelt. Es ist durchaus sinnvoll, von den Blutzuckerwerten Vergleichswerte zu ermitteln, indem man das Tier vor der Insulingabe und der Fütterung misst und etwa zwei bis drei Stunden danach und am Abend vor der nächsten Injektion und Fütterung und möglichst wieder einige Stunden danach. Diese Werte zeigen, ob Ihre Katze richtig eingestellt ist und der Blutzuckerspiegel konstant gehalten wird.

TIPP

Ihre Katze wird die Fahrt zum Tierarzt und die Räumlichkeiten und die Gerüche vor Ort als Stress empfinden. Blutzuckermessungen beim Tierarzt sind oft erhöht durch den Stress vor Ort. Zu Hause in der gewohnten Umgebung des Tieres ist die Stresslast niedrig. Ihr Tier kennt die Räumlichkeiten, Ihr Tier kennt Sie und die Prozedur wird auch bald zur Routine werden, sodass man mit abweichenden Werten durch Stress nicht mehr rechnen muss.

Blutzuckerregulation

Wie können wir den Blutzuckerspiegel regulieren?
Es gibt drei Möglichkeiten:

- Umstellung der Ernährung
- Gewichtsreduktion, körperliche Aktivität
- Medikamente (Insulin, selten Tabletten)

Typ-2-Diabetes entsteht meist bei älteren und übergewichtigen Katzen. Meine Katze Miez war moppelig. Sie wog 5,4 Kilogramm und daher hat sich bei ihr Diabetes entwickelt. Bei ihr war es also schon ein leichtes Übergewicht, das den Diabetes ausgelöst hatte. Ein Kater, von dem mir meine Tierärztin berichtet hatte, wog satte 10 Kilogramm und war (noch) gesund. Den einen trifft es, den anderen nicht. Es kann auch eine Veranlagung sein, jedoch ist bei vielen Katzenbabys der Stammbaum nicht nachvollziehbar, daher weiß man manchmal nie, was man bekommt.
Veranlagung ist etwas, das wir alle, egal ob Mensch oder Tier, in unseren Genen haben und man kann häufig nichts dagegen tun. Man kann jedoch vorbeugen mit guter Ernährung, ausreichend Bewegung und richtiger medikamentöser Einstellung. Wie bereits gesagt, je eher man sich einer Situation stellt, desto besser kommt man damit klar.

Richtige Ernährung

Laut Tierärzten sind 50 % aller Hunde und Katzen in Deutschland zu dick. Oft meinen es Herrchen und Frauchen zu gut und überfüttern ihr Tier. Ist das Tier besonders lieb und brav, gibt es ein Leckerli und überhaupt müssen Haustiere nicht mehr viel tun, um Futter zu bekommen.
Die natürliche Nahrung von Katzen besteht vor allem aus Fleisch. Man denke an das klassische Katz-und-Maus-Spiel. Jedoch jagen Hauskatzen (meist) keine Mäuse mehr; ihnen fehlt die Anstrengung, um ihr Futter zu erarbeiten. Stubentiger kriegen ihr Futter regelmäßig vorgesetzt, sie können den ganzen Tag schlafen, werden geschmust, spielen, wenn sie Lust haben, und müssen eigentlich nichts Anstrengendes tun. Häufige Folge: Übergewicht.

Eine gesunde Ernährung ist nicht nur wichtig, es ist sogar das A und O, ob nun bei Menschen oder bei Tieren. Nahrung besteht allgemein aus Kohlenhydraten Eiweißen, Fetten, Vitaminen und Mineralstoffen. Die ideale Diät einer Katze mit Diabetes sollte maximal zu 10 % aus Kohlenhydraten bestehen, der Eiweißanteil

Diese Katze hat etwas zu viel auf den Rippen.

sollte 40 bis 60 % und der Fettanteil maximal 30 bis 50 % betragen. Es kann aber leider dauern, bis man sein Tier optimal umgestellt hat.

Inhaltsstoffe

Kohlenhydrate nimmt eine Katze in geringen Mengen durch den Mageninhalt eines Beutetieres auf. Man könnte sagen, eine Katze ist für die Aufnahme von Kohlenhydraten nicht geschaffen. Dies liegt an fehlenden Enzymen. Bis 5 g pro Kilogramm Körpergewicht kann von einer Katze aufgenommen und verarbeitet werden. Der Körper kann Kohlenhydrate tolerieren. Und wie werden Haustiere für gewöhnlich ernährt? Richtig, durch das traditionelle industriell hergestellte Fertigtierfutter.

Wer hat seinem Stubentiger nicht schon Trockenfutter gefüttert? Das haben wir doch alle. Trockenfutter enthält fast grundsätzlich Kohlenhydrate: Reis, Kartoffeln, Hirse, Weizen oder allgemein Getreide. Diese Kohlenhydrate werden dem Futter zugesetzt, weil sie preisgünstiger sind als reines Fleisch. Viele Katzen bekommen Trockenfutter als alleiniges Futter, auch wenn sie es gar nicht vollständig verdauen und verbrennen können (Bewegungsmangel). Folge: Hüftgold bildet sich, das Tier nimmt zu. Kohlenhydrate werden in Zucker gespalten. Man unterscheidet Einfach-, Zweifach-und Mehrfachzucker.

- **Einfachzucker:** Glukose (Traubenzucker), Fruktose (Fruchtzucker), Galaktose
- **Zweifachzucker:** Saccharose, klassischer Zucker (Verbindung von Glukose und Fruktose)
- **Mehrfachzucker:** Stärke

Saccharose und Stärke, die zum Beispiel in Reis, Kartoffeln und Mais enthalten sind, sind Kohlenhydrate, auf die besonders geachtet werden muss, denn am Ende werden Kohlenhydrate in Zucker umgewandelt und der Blutzucker steigt. Zu den Kohlenhydraten zählt man übrigens auch Ballaststoffe; dies sind Faserstoffe, die nicht verdaulich sind. Sie vergrößern das Volumen der Nahrung, fördern die Verdauung und sorgen dafür, dass der Blutzuckerspiegel nicht zu schnell ansteigt und möglichst ausgeglichen bleibt. Es sind die klassischen Sattmacher.

Weitere Bestandteile der Nahrung sind **Vitamine, Mineralstoffe** und **Spurenelemente**. Dies sind sogenannte Mikronährstoffe, die uns schon mal fast bis gar keine Probleme machen. Diese Stoffe sind lebensnotwendig, auch für Katzen. Man braucht sie für sämtliche Organfunktionen, Gehirn und Nerven, den Stoffwechsel und für ein gesundes Immunsystem.

Bei Vitaminen unterscheidet man **wasserlösliche** (Vitamin B1, B2, B6, B12, Folsäure, Niacin, Panthothensäure, Biotin) und **fettlösliche** (Vitamin A, D, E und K).

Eine Überdosierung ist selten, aber möglich und diese kann die Nieren belasten. Wasserlösliche Vitamine werden über den Harn ausgeschieden, während sich fettlösliche Vitamine ins Fett einlagern können bei übermäßigem Verzehr.

Hier eine kleine Übersicht der Vitamine:

- **Vitamin B1** (Thiamin) ist wichtig für den Energiestoffwechsel und die Reizleitung von Nerven.
- **Vitamin B2** (Riboflavin) hat eine ähnliche Funktion.
- **Vitamin B3** (Nikotinsäure oder Niacin) ist wichtig für die Blutzuckerregulierung; es unterstützt den Abbau von Kohlenhydraten.
- **Vitamin B5** (Pantothensäure) unterstützt ebenfalls den Abbau von Kohlenhydraten, ist vielen aber bekannter als wundheilungsfördernder Stoff.
- **Vitamin B6** (Pyridoxin) ist am Stoffwechsel von Aminosäuren beteiligt und schützt vor dem Verlust an Vitamin C.
- **Vitamin B9** (Folsäure) wird für den Zellaufbau benötigt.
- **Vitamin B12** (Cyanocobalamin) ist wichtig für die Bildung roter Blutkörperchen, aktiviert Folsäure und gibt Energie.
- **Vitamin C** (Ascorbinsäure) ist der Klassiker zur Stärkung des Immunsystems und kann von Katzen sogar selbst synthetisiert werden.
- **Vitamin H** (Biotin) ist an der Glukoneogenese und am Stoffwechsel von Aminosäuren beteiligt.
- **Vitamin A** (Retinol) dient dem Zellschutz und soll bei Diabetes nicht zu hoch dosiert werden.
- **Vitamin D** (Colecalciferol) sorgt für die Aufrechterhaltung des Kalzium- und Phosphathaushaltes in den Knochen. Vitamin D kann von Katzen nur in geringem Maß durch Sonnenlicht aus Cholesterol hergestellt werden.
- **Vitamin E** (Tocopherol) ist wichtig für den Zellschutz.
- **Vitamin K** (Phyllochinon) ist verantwortlich für die Blutgerinnung und den Knochenstoffwechsel.

ERHÖHTER BEDARF

Von den oben aufgezählten Vitaminen haben Diabetiker einen erhöhten Bedarf an Vitamin B1, C, E und H. Katzen vertragen kein Obst, aber das ist kein Problem, sie können Vitamin C selbst herstellen. Andere Vitamine, etwa Vitamin B1 und E, können über die Zugabe von Sonnenblumenöl ergänzt werden und Vitamin H kann über Hühnerfleisch aufgenommen werden. In vielen Tierfuttern sind mittlerweile ausreichende Zusätze an Vitaminen enthalten.

Mineralstoffe und Spurenelemente sind lebensnotwendig. Mineralstoffe wie Kalzium, Kalium, Natrium, Magnesium und Phosphor regulieren Wasser und Salzhaushalt sowie Funktionen von Nerven und Muskeln. Sie sind wichtig für die Gesundheit der Zellen, der Nervenimpulse, des Hormonhaushalts und auch des Stoffwechsels.

- **Magnesium** fungiert als Unterstützung des Insulins. Durch hohe Blutzuckerwerte wird vermehrt Magnesium ausgeschieden. Magnesium aktiviert Enzyme im Körper und dient der Reizübertragung. Zudem ist Magnesium wichtig für Muskelkontraktionen und ist beteiligt an der Verstoffwechselung von Kohlenhydraten, Eiweißen, Fetten und Hormonen.
- **Kalzium** dient der Mineralisierung von Knochen und Zähnen, stabilisiert Zellen und überträgt Reize auf das Nervensystem.
- **Kalium** ist wichtig für die Aufrechterhaltung von Nerven- und Muskelzellen, wie z. B. die Herzkontraktion und den Transport von Glukose in die Zellen.
- **Natrium** dient dem Zelldruck und der Reizleitung in Nerven und Muskeln und unterstützt die Aufnahme von Glukose in den Körper.
- **Phosphor** wird benötigt für den Säure-Base-Haushalt und die Speicherung und Freisetzung von Energie aus den Zellen.

ERHÖHTER BEDARF

Von allen diesen Mineralstoffen haben Diabetiker einen erhöhten Bedarf an Magnesium und Natrium. Bei Nierenerkrankten muss wiederum darauf geachtet werden, dass sie nicht zu viel Magnesium und Natrium aufnehmen. Hier ist eine Kalziumgabe, z. B. in Form von Katzenmilch, die milchzuckerreduziert ist, sinnvoll, da ein erhöhter Kalziummangel besteht.

Spurenelemente wie Chrom, Eisen, Fluor, Jod, Selen und Zink sind beteiligt an Stoffwechselprozessen im Körper.

- **Chrom** hilft bei der Regulierung des Glukosehaushaltes und wird bei Menschen oft verordnet, wenn der Diabetes besonders schwer einstellbar ist.
- **Eisen** ist wichtig für die Bildung roter Blutkörperchen. Durch die Eiseneinnahme und die dadurch vermehrte Bildung roter Blutkörperchen ist der Körper in der Lage, mehr Blut zu bilden und so auch mehr Sauerstoff aufnehmen zu können, und fühlt sich dadurch vitaler.

- **Fluor** ist wichtig für Knochen und Zähne, man kennt es aus der Zahnpasta.
- **Jod** unterstützt die Schilddrüsenhormone und die Glykogen-Synthese.
- **Selen** ist ein Antioxidans, das bei akuter Bauchspeicheldrüsenentzündung in absteigender Dosierung gegeben wird.
- **Zink** stärkt das Immunsystem und ist am Kohlenhydrat-, Eiweiß-, Fett- und Hormonstoffwechsel beteiligt.

ERHÖHTER BEDARF

Von diesen Spurenelementen haben Diabetiker einen erhöhten Bedarf an Chrom und Zink. In Schweinefleisch ist Chrom, Eisen und Zink enthalten, jedoch findet man Schwein nicht auf dem Ernährungsplan einer Katze.

Was? Vitamine, Mineralstoffe und Spurenelemente machen uns kaum Probleme? Richtig. Es gibt Zusätze im Tierfutter, sodass das Tier ausreichend versorgt ist. Bei Ernährungsmethoden wie beim BARFen (siehe Seite 39f.) gilt das nicht. Hierbei muss in der Regel ergänzt werden.

Fertigfutter

Es gibt verschiedene Möglichkeiten, seine Katze zu ernähren. Man kann sein Tier z. B. nur mit **Trockenfutter**, nur mit **Nassfutter** oder gemischt, also sowohl mit Trocken- als auch mit Nassfutter ernähren. Beim Trockenfutter ist es knifflig, passende Produkte zu finden, da eigentlich alle Firmen Kohlenhydratzusätze wie Getreide, Hirse, Kartoffeln oder Reis in ihren Produkten verwenden.

Diät ist nicht gleich Diät und „Light“, wie so manche Produkte bezeichnet werden, sowieso nicht. Nehmen Sie die Futtersorten unter die Lupe und achten Sie auf die Zusammensetzung. Die genaue Wertigkeit von Kohlenhydraten im Trockenfutter ist schwer ermittelbar. An den ersten Stellen der Zusammensetzung finden sich schnell die zugesetzten Kohlenhydrate. Bei allen im Handel erhältlichen Marken sind Kohlenhydrate zugesetzt. Die großen, bekannten Marken machen da keine Ausnahme. In den Light-Produkten sind in der Regel weniger Kohlenhydrate enthalten, jedoch lassen diese Kohlenhydrate den Blutzucker noch immer schnell ansteigen, da Zusätze von Ballaststoffen fehlen. Light-Produkte entpuppen sich oft als wahre Kalorienbomben.

Empfehlenswert ist das Royal Canin® Diabetic Feline Trockenfutter. Es enthält mehr Ballaststoffe, sodass ein schneller Blutzuckeranstieg vermieden wird. Außerdem gibt es noch Royal Canin® Light und Indoor, diese Produkte enthalten mehr

Kohlenhydrate und weniger Ballaststoffe als das Royal Canin® Diabetic Feline. Hier kommt es schneller zu einem Blutzuckeranstieg. Lassen Sie sich am besten von Ihrem Tierarzt beraten!

Diabetische Tiere haben Bedarf an geeigneten Produkten. Man kann speziell für Diabetiker Nassfutter-Produkte kaufen, diese sind nur meist preislich weiter oben angesiedelt. Beim Tierarzt bekommt man verschiedene Spezialfutter von den gängigen Herstellern.
Optimal für Ihren Stubentiger sind fettarme, proteinreiche Produkte, die kalorienreduziert sind und den Blutzucker nicht zu stark ansteigen lassen. Fettarm, damit das Körpergewicht sinkt, reich an Proteinen, damit die Muskelmasse erhalten bleibt, und ausgleichend auf den Blutzucker wirkend, damit es keine Blutzuckerspitzen, also plötzlich stark erhöhte Blutzuckerwerte, gibt.

Sie haben aber auch die Möglichkeit, auf handelsübliche Produkte zurückzugreifen. Hier ist Ihr Augenmerk gefragt, ob die Produkte für Ihr Tier geeignet sind. Bitte achten Sie auch grundsätzlich auf die Zusammensetzung besonders bei Produkten mit Aufdruck: Kitten, Senioren und Light. Diese Produkte sind gehaltvoller an Kalorien als man denkt. Kohlenhydrate in Form von Zucker und Stärke verstecken sich gern in einer ganzen Menge von Bestandteilen.
Viele Produkte der großen, bekannten Hersteller enthalten alle Zucker? Aber Katzen können süß nicht schmecken, warum also der Zusatz von Zucker? Zucker dient nur als Konservierungsmittel, um das Futter länger haltbar zu machen.

KATZEN KÖNNEN SÜSS NICHT SCHMECKEN

Katzen haben etwa 500 Geschmacksknospen, wir Menschen verfügen über ungefähr 1000 Geschmacksknospen. Katzen können sauer, bitter, salzig und sogar „fleischig" als Geschmack differenzieren, während süß gar nicht wahrgenommen wird. Wer weiß also, wie viel Zucker tatsächlich in manchen Produkten enthalten ist?

Manche Firmen werben damit, dass sie keinen Zusatz von Zucker in ihren Produkten haben, aber leider sind Inhaltsstoffe wie Mais, Reis, Nudeln usw. darin enthalten. Direkter Zucker ist nicht zugesetzt, aber dennoch ist Zucker versteckt enthalten. Denn die Kohlenhydrate werden zu Zucker aufgespalten und schon steigt der Blutzuckerspiegel an.

Überprüfen Sie die Inhaltsstoffe also auch, wenn ein Produkt mit „ohne Zusatz von Zucker“ beworben wird. Mit der Zeit wird es leichter, das passende zu finden.

Hier eine kleine Auswahl handelsüblicher Nassfutter-Produkte, die ohne Zuckerzusatz sind:

- Food Print
- Winston (Rossmann)*
- Real Nature
- Happy Cat Duo
- fit + fun Paté
- Premiere Ragout
- MultiFit Jelly
- Saphir (Penny)
- Lux (ALDI)
- Topic (ALDI)
- Terra Faelis
- Animonda Carny Exotic
- grau Schlemmertopf
- Miamor filet
- MOMENTS Funny Clown
- MOMENTS Little Starlet
- SELECT GOLD light
- Kitty's cuisine

* Diese Produkte können auch auch Kohlenhydratzusätze wie Kartoffeln, Mais oder Johannisbeeren enthalten.

Anfangs ist die Umstellung das Schwierigste, denn wir alle sind Gewohnheitstiere. Katzen sind manchmal sehr schwierig und es kann dauern, bis die richtigen Marken gefunden werden, die in die Ernährung passen und auch tatsächlich gegessen werden. Das beste Futter nützt wenig, wenn das Tier es nicht anrührt, weil es ihm nicht schmeckt. Bei meiner Recherche habe ich viele Produkte verschiedener Firmen unter die Lupe genommen. Eines ist sicher: Die Firmen, die Produkte ohne Zuckerzusatz oder Kohlenhydrate herstellen, können auch die Zusammensetzung ihrer Futtersorten wieder verändern, obwohl bislang diese Produkte für diabetische Katzen geeignet sind.
Achten Sie einfach genau auf die Angaben über die Inhaltsstoffe. Das ist aber oft leichter gesagt als getan. Seien wir ehrlich: Die Zusammensetzung kann höchst irreführend sein. Es gibt hier einiges zu berücksichtigen, wenn man das Kleingedruckte liest.

Das Futter sollte nicht nur gesund sein, sondern der Katze auch schmecken – eine nicht immer ganz leichte Aufgabe.

Beispiel für ein Produkt eines namhaften Herstellers:
Fleisch und tierische Nebenerzeugnisse (45 % u. a. 4 % Poularde), Getreide, Mineralstoffe, Zucker. Zusatzstoffe pro Kg: Calciumjodat wasserfrei: 0,32 mg, Kupfersulfat Pentahydrat: 4,9 mg, Eisensulfat Monohydrat: 33,4 mg, Mangan II-sulfat Monohydrat: 6,3 mg, Zinksulfat Monohydrat: 44 mg.

Analysieren wir das mal: 4 % tatsächliches Poulardenfleisch vom Huhn ist enthalten, der Rest kann alles sein von der Kralle bis zur Feder. Der Fantasie sind keine Grenzen gesetzt, woraus die anderen 41 % bestehen könnten. Getreide ist enthalten oder, wie wir mittlerweile wissen, ganz unnötige Kohlenhydrate, die gern als Füllstoff dienen. Mineralstoffe wie Calciumjodat, Kupfersulfat, Eisensulfat, Mangansulfat und Zinksulfat sind auch mit Angabe pro Kg enthalten, so weit, so gut, aber man muss es noch auf die 85 g-Packung umrechnen (können wir doch alle im Kopf, oder?). An letzter Stelle steht Zucker, der absolut unnötig ist. Je weiter hinten Zucker aufgelistet ist, desto weniger ist enthalten. Beim Katzenfutter sollte aber ganz darauf verzichtet werden. Auch wenn Zucker an letzter Stelle steht, ist ein Produkt völlig ohne Zuckerzusatz dem vorzuziehen.

TIPP

Schauen Sie mal im Internet unter „Katzendiabetes.info". Diese Seite berechnet den Gehalt an Kohlenhydraten. Man gibt den Prozentgehalt der verschiedenen Inhaltsstoffe des Produktes an und lässt den Gehalt berechnen.

Rohprotein ____%
Rohfett ____%
Rohfaser ____%
Rohasche ____%
Feuchtigkeit ____%
Berechnen

Für Android-Handys wird auch eine App zum Berechnen der Kohlenhydrate angeboten: „KH Rechner" für Katzenfutter. Das Prinzip ist dem oberen Beispiel angepasst.

Protein ___%
Fett ___%
Rohfaser ___%
Asche ___%
Feuchtigkeit ___%
Kalkulieren

Diese App berechnet die Kohlenhydrate im Nassfutter. User bewerteten sie mit 4 von 5 Sternen. Viele gaben an, dass sie ohne diese App nie wieder Katzenfutter einkaufen würden, andere hatten Probleme und waren skeptisch, da auch Berechnungen bei Spezialfutter als negativ eingestuft wurden und Futter, das Zucker enthält, als geeignet bewertet wurde. Hier gilt: Machen Sie sich selbst Ihr eigenes Bild davon und vergessen Sie nicht, dass dies lediglich eine Hilfe sein soll.

Nassfutterprodukte gibt es reichlich. Die Zusammensetzungen sind unterschiedlich. Die App kann von Vorteil sein, wenn Ihr Stubentiger nur dieses eine spezielle Produkt frisst. Ist Ihr Tier auch anderen Futtersorten gegenüber offen, können Sie besser geeignete Sorten zur Fütterung wählen, da wie bereits erwähnt viele Firmen auch ohne Zuckerzusatz oder versteckte Kohlenhydrate auskommen.

Bei dem Gehalt an Rohfasern sollte übrigens darauf geachtet, dass ein möglichst niedriger Anteil enthalten ist, um unnötige Kalorien zu sparen. Sie merken also, dass ein Produkt, das als „super" angepriesen und beworben und auch von Tieren geliebt wird, durchaus knifflig zu bewerten ist.
Beim Trockenfutter kommt man in der Herstellung kaum ohne Kohlenhydrate aus. Dies hat für die herstellenden Firmen auch finanzielle Hintergründe. Kohlenhydrate sind preisgünstiger als Fleisch, also wird das Futter mit Kohlenhydraten aufgefüllt. Die genaue Wertigkeit der Kohlenhydrate im Trockenfutter ist meist schwer ermittelbar, daher ist mein Tipp, hier auf Produkte oder Empfehlungen vom Tierarzt zurückzugreifen, wenn man ganz sicher sein möchte. Das Royal Canin® Diabetic Feline enthält zum Beispiel mehr Ballaststoffe, sodass es nicht zu schnellen Blutzuckerspitzen kommt. Carnithin ist als Bestandteil enthalten, um die Muskeln des Tieres optimal zu versorgen. Es unterstützt auch die schnelle Umwandlung von Fett in Energie. Bei dem Futtermittel findet man die exakte Zusammensetzung der Bestandteile mit Angabe der Kilokalorien und auch der empfohlenen Dosierung, wie folgendes Beispiel zeigt:

Gewicht des Tieres: 3 kg
Korrektur bei Übergewicht: 25 bis 40 g Trockenfutter
Korrektur zum Idealgewicht: 40 bis 55 g Trockenfutter

Sollte Ihr Tier auf die Umstellung des Futters abweisend reagieren, können Sie das Futter auch mischen: 1/3 vom neuen Diätfutter und 2/3 vom gewohnten Futter. Nach und nach können Sie die Menge des Diätfutters erhöhen und so das Tier umgewöhnen und eine totale Verweigerung des Futters vermeiden.

Beim Trockenfutter habe ich einmal von einer Studie gehört, dass der Mensch denkt, er müsse für Abwechslung beim Tier sorgen, weil Katzen nicht immer das Gleiche essen wollen würden. Katzen ist es offen gesagt egal, was sie als Trockenfutter vorgesetzt kriegen, bei Nassfutter werden Katzen allerdings wirklich zu Divas. Zweimal nacheinander Lachs und manche Katze sieht einen an, als hätte man ihr ins Essen gespuckt. „Was, schon wieder Lachs? Du willst mich wohl verar ...!"

Daher sorgen Sie beim Nassfutter für Abwechslung, denn eine zickige Katze – hat nicht jeder, aber die, die eine haben, kennen die Problematik – kann beim Diabetes für echte Probleme sorgen, da Insulin und Essen zusammenpassen müssen. Falls Ihre Katze zu wenig gefressen hat, kann es zu einer Unterzuckerung (siehe Seite 62ff.) kommen. Beispiel Auto: Der Motor läuft, aber Sie haben nicht getankt und das Auto bleibt stehen.

Bei guter Einstellung darf es auch mal ein Leckerli sein. Gibt es etwas, das Ihre Katze liebt, dann geben Sie es ihr auch mal, aber es soll eine Ausnahme bleiben. Regelmäßiges Sündigen kann Ihrem Tier schaden. Es gibt sogar laktosearme Katzenmilch, also Katzenmilch mit reduziertem Milchzuckergehalt. Ich gebe sie meiner Miez gern in Verdünnung mit Wasser, wenn es mal nicht so gut mit dem Stuhlgang klappt. So wird sie mit Kalzium für die Knochen versorgt und es flutscht besser auf dem Katzenklo. Ab und zu ist das auch in Ordnung.
Wir alle schnökern mal ganz gern etwas zwischendurch. Irgendwo findet sich immer im Haushalt eine Tüte Chips oder eine Tafel Schokolade. Wir kennen dieses Gefühl und unser Haustier auch. Wenn es mal ein Leckerli ist, das nicht optimal geeignet ist, geht das schon mal, gemäß dem Motto: Eine Sünde ist nur eine kleine Sünde. Aber dennoch empfehle ich lieber die Gabe von geeigneten Snacks, die keine unnötigen Kohlenhydrate enthalten. Auch hier können Sie bei der Angabe der Inhaltsstoffe nachlesen, wie hoch der Fleischanteil ist. Zu empfehlen sind Snacks oder Leckerlis, die nur oder vorwiegend aus Fleisch bestehen.

TIPP

Versuchen Sie, sich an die Dosierempfehlungen von Herstellern oder Tierärzten zu halten. Die meisten Katzenhalter dosieren nach Gefühl und überfüttern ihr Tier schnell. Wiegen Sie die Tagesdosis Ihres Tieres morgens ab. Sie können auch Leckerlis schon vorher zuteilen. Halten Sie sich daran, nur genau diese Menge zu verfüttern, die Sie auch zugeteilt haben.

Wichtig ist es auch, auf die Kalorien im Futter zu achten. Der Kalorienbedarf einer normalgewichtigen Katze liegt bei etwa 50 kcal pro Kilogramm Körpergewicht pro Tag. Diese Empfehlung stammt vom National Research Council.
Übergewichtige Katzen sollten im besten Fall 1 bis 2 % ihres Körpergewichts pro Woche abnehmen. Leider muss ich aus eigener Erfahrung sagen, dass dies nicht ganz so leicht umsetzbar ist. Es besteht kein Zeitdruck, machen Sie sich und Ihrem Tier keinen Stress. Auf lange Sicht ist eine langsame, kontinuierliche Gewichtsreduktion besser als gar keine.

Eine Katze, die 5,3 kg wiegt, sollte 106 g pro Woche abnehmen.
5300 g = 100 %
x = 2 %
Man rechnet 5300 g x 2 : 100 = 106 g

Zum Thema Ernährung haben Sie nun eine ganze Menge Informationen erhalten. Die größte Frage, die sich so ziemlich jeder Katzenbesitzer stellt, der ein diabetisches Tier hat, ist die, warum die unzähligen Hersteller so viel an Inhaltsstoffen zufügen, was dem Tier eher schadet.

In der Natur würde keine Katze derartig viele Kohlenhydrate zu sich nehmen, geschweige denn richtigen Zucker. Leider gibt es bislang nicht „Maus in der Dose“ für eine Katze zu kaufen. Wer genauen Überblick über die Inhaltsstoffe des Tierfutters haben möchte, kann versuchen sein Tier anders zu ernähren. Statt Fertigfutter im Handel zu kaufen, bereiten nun viele Besitzer selbst das Essen ihres Tieres zu. Ein neuer Trend, der von Hundebesitzer auf die Katzenbesitzer übergegriffen hat, ist das BARFen.

BARFen

Unter diesem Begriff versteht man **B**iologisch **A**rtgerechtes **R**ohes **F**utter. Dies ist eine Methode, die sich in den 1960er-Jahren bei Hundebesitzern verbreitet hat. Das Konzept basiert auf der Grundlage, dass die natürliche Rohfütterung das Beste für den Hund ist. Das gilt ebenfalls für Katzen, denn Katzen sind im Gegensatz zu Hunden sogar reine Fleischesser.

Eine Katze ernährt sich in der Natur von Mäusen, Ratten, Vögeln, Insekten und manchmal sogar von Reptilien. Der pH-Wert des Magens liegt bei Katzen im stark sauren Bereich von 1 bis 2. Dies ist optimal für die Verwertung von Eiweiß und hilft außerdem, Keime und Bakterien abzutöten. Bei kohlenhydratreicher Nahrung oder auch bei klassischem Dosenfutter ist der pH-Wert höher und kann bei Tieren Magenprobleme verursachen.

Katzen haben die Fähigkeit der Glukoneogenese. Sie können mit Enzymen ihres Körpers aus Eiweißen, die in Fleisch enthalten sind, Glukose, also Zucker, herstellen, einfacher ausgedrückt: Katzen gewinnen aus Fleisch Energie. Wir Menschen gewinnen aus Kohlenhydraten Energie. Aus Eiweißen kann der Mensch auch Energie gewinnen, allerdings geht hierbei Muskelmasse verloren und eine Ketoacidose kann entstehen.

Beim BARFen wird das Tier optimal mit Eiweiß versorgt. Tiere, die gebarft werden, leiden selten unter Übergewicht, sehen vitaler und gesünder aus (Haut und Fell) und Allergien, die bei Fertigprodukten oft auftreten, können vermieden oder sogar beseitigt werden. Die Qualität von frischem Fleisch ist unübertroffen. Industriell hergestellte Produkte können qualitativ meist nicht mithalten, da oft unklar ist, woher enthaltene Eiweiße stammen. Bei der Bezeichnung „Fleisch und tierische Nebenerzeugnisse" (Beispiel: Huhn, mind. 4 %), ist es unklar, welche Nebenerzeugnisse und wie viel reines Hühnerfleisch enthalten sind. 4 % können vom Huhn von den Federn, Krallen, Innereien oder von hochwertigem Fleisch sein. Oft sind auch nur Fleischmehle oder Pulver enthalten und dass dies eher minderwertige Eiweiße sind, ist offensichtlich.

Bei der Rohfütterung wissen Sie, welches Fleisch Ihr Tier bekommt.

Ein großer Vorteil der BARF-Methode ist die Versorgung mit Flüssigkeit. Diabetes und Nierenerkrankung sind die häufigsten Erkrankungen bei Katzen. Die Nieren von Katzen sind besonders anfällig. Trinkt Ihre Katze viel? Lassen Sie mich raten – eher wenig. Das liegt daran, dass Katzen kein Durstempfinden haben. Wenn Katzen in freier Natur eine Maus erlegen, werden sie durch diese „Fleischmahlzeit" mit ausreichend Flüssigkeit versorgt. Der Wasseranteil im Fleisch beträgt 75 bis 80 %. Das kann bei reiner Trockenfutter-Gabe gefährlich werden. Katzen dehydrieren, Nieren werden geschädigt. Nierenerkrankungen können die Folge sein. Beim BARFen werden die Nieren gut durchspült und Nierenerkrankungen kann vorgebeugt werden (siehe auch Seite 85ff.).

Vorteil beim Rohfüttern ist auch das Vermeiden von direkten Kohlenhydraten, was diabetischen Katzen zugute kommt. Draußen nimmt eine Katze nur geringe Mengen an Kohlenhydraten zu sich, die sich nämlich im Magen ihrer Beute befinden, z. B. wenn eine Maus vorher Getreidekörner gefressen hat und danach von der Katze erlegt und verspeist wurde. Um eine ausgewogene Ernährung mit der BARF-Methode bei seiner Katze zu erreichen, ist es sinnvoll, sein Tier abwechslungsreich mit verschiedenen Fleischsorten zu ernähren. Die Grundbasis einer BARF-Mahlzeit besteht aus Fleisch, jedoch ist es wichtig, einige Zusätze zu ergänzen, um eine einseitige Ernährung zu vermeiden.

Zusätze, die man ergänzen sollte:

- Taurin (Lachsfilet, Hühner- und Rinderherz)
- Kalzium und Phosphat (rohe, fleischige Knochen, auch gewolft, Naturjoghurt)
- Eisen (Tabletten aus der Apotheke, ohne Langzeitwirkung!)
- Vitamin A (Eigelb)
- Vitamin B (Bierhefe)
- Vitamin D (Lachs, Forelle, Dorschlebertran)
- Vitamin E (Weizenkeimöl, Sonnenblumenöl)
- Jod (Jodtabletten, Seealgenmehl)
- Natrium (Himalajasalz)

Auch Ballaststoffe sollten hinzugegeben werden, um die Verdauung in Schwung zu halten. Hierfür püriert oder raspelt man Kürbis, Karotten, Gurke, Sellerie, Rote Bete oder Zucchini. Auf anderes rohes Gemüse sollte verzichtet werden, da dies schwer zu verdauen ist.
Wer sich für das BARFen entscheidet, findet viele tolle Tipps, Tricks und Rezepte in dem Buch „Katzen BARFen“, erschienen bei Oertel und Spörer.

TIPP

Bei Laboklin kann man das Blut seiner Katze kontrollieren lassen. Dort bekommt man ein spezielles BARF-Profil erstellt. Die Ergebnisse zeigen Fehlmengen in der Ernährung an und man erhält Empfehlungen zur Ergänzung der Mängel.
Bei Futtermedicus.de werden für Ihr Tier BARF-Rationen erstellt und teilweise speziell auf Erkrankungen angepasst. Man bekommt individuelle Koch- und BARF-Rezepte für Katzen mit Nierenerkrankungen, Pankreatitis oder für Katzen mit Allergien. Eine tierärztliche Sprechstunde wird telefonisch abgehalten unter 0841-888930 (9:30 bis 12:30 Uhr).

Freigängerkatzen leiden seltener unter Übergewicht und sind daher auch weniger anfällig für Diabetes.

Ausreichend Bewegung

Mehr Bewegung zur Gewichtsreduktion – nun, das ist immer leichter gesagt als getan. Das gilt genauso beim Menschen wie auch für die Katze. Versuchen Sie, wenn Ihre Katze keinen Auslauf hat, sie zu beschäftigen. Spielen Sie, was das Zeug hält. Es gibt zum Beispiel Spielbälle, in die man kleine Snacks geben kann, oder Puzzle-Armaturen, unter die man Snacks legen kann. Wichtig ist, dass Sie Ihr Tier beschäftigen und es ihm nicht zu einfach machen. Katzen sind kluge Tiere, die sollen auch etwas tun.
Trainieren Sie Ihr Tier. Sie kennen es am besten. Hoffentlich haben Sie nicht so eine Katze wie ich. Miez spielt gern. Sie liebt es, Bälle aus der Luft zu fangen, sie ist ein besserer Torhüter als Manuel Neuer, aber kullert ein Ball über den Boden, den sie fangen soll, damit ihr dicker Katzenpo mal trainiert wird, rennt sie weg. Warum? Es hat sie einmal ein Ball, der in großen Wellen auf sie zu sprang, an der Nase getroffen, seitdem hat sie ein Balltrauma und flüchtet, wann immer ein Ball auf sie zurollt. Jetzt werfe ich für sie geeignete Leckerlis durch meine Wohnung und lasse Miez hinterherlaufen.

Versuchen Sie, Ihre Katze mit Spielzeug zum Bewegen zu animieren.

Es gibt unzählige Möglichkeiten, sein Tier zu beschäftigen, der Fantasie sind keine Grenzen gesetzt. Meine Katze und ich spielen oft Verstecken. Ich schleiche mich an die Katze heran, erschrecke sie und jage sie. Klingt bescheuert, aber meine Katze macht das gleiche mit mir. Freunde von mir gehen auch mit ihrem Kater Lui an der Leine Gassi. Auch so bekommt Ihr Tier Bewegung. Passen Sie aber auf, dass Ihr Tier sich nicht erschreckt, denn Katzen sind Fluchttiere. Gehen Sie spazieren und ein Auto fährt vorbei oder ein Hund kommt entgegen, wird Ihr Tier flüchten und ist dann auch nicht an der Leine zu halten (Sicherheitsverschluss). Aber vielleicht haben Sie ja auch einen Garten oder eine andere Möglichkeit, Ihrer Katze Auslauf zu gewähren.

Bewegung ist das A und O! Halten Sie Ihr Tier auf Trab, ansonsten gilt: Was Spaß macht, soll gemacht werden! Es gibt im Handel Puschel-Stangen, Angeln, elektronische Mäuse, Laser Pointer und vieles mehr, um den Jagdtrieb zu erwecken. Sie können aber auch aus ganz einfachem Material Spielzeug selbst basteln.

Hier sieht man eine kleine Auswahl von Katzenspielzeug.

Arzneimitteltherapie

Während es bei Menschen mit Typ-2-Diabetes auch die Möglichkeit gibt, mit Tabletten zu behandeln, ist bei Katzen in der Regel nur eine Therapie mit Insulin durch Injektionen möglich.
Insulin besteht aus Eiweißen und somit aus Aminosäuren. Je ähnlicher es dem natürlichen Insulin ist, desto besser. Für Katzen benutzt man Rinder- oder Schweineinsulin. Aufgrund von BSE-Erkrankungen war man irgendwann in den 1990er-Jahren vom Rinderinsulin abgekommen und fing an, Katzen mit Schweineinsulin zu behandeln. Dadurch entstanden jahrelange Erfahrungsberichte.

Die verschiedenen Insuline

Caninsulin® ist das führende Präparat. Früher war es das einzige Insulin, das für Katzen zweckentfremdet benutzt wurde, weil es ursprünglich für Hunde (Latein: canis) hergestellt wurde. Studien sollen gezeigt haben, dass Rinderinsulin in der physiologischen Struktur der Eiweiße dem Katzeninsulin mehr ähnelt und dass Schweineinsulin mehr Übereinstimmungen mit Hundeinsulin hat.

Die Anfangsdosen werden vom Tierarzt bestimmt. Caninsulin® wird im Abstand von zwölf Stunden in der Regel zweimal pro Tag verabreicht mit 0,25 IE pro Kilogramm Körpergewicht der Katze. Die richtige Dosierung zeigt sich relativ schnell durch Besserung der Symptome wie z. B. Normalisierung vom starken Durst.

Es empfiehlt sich, nach einigen Tagen ein Tagesprofil beim Tierarzt durchführen zu lassen, um die Dosierung zu kontrollieren: Wirkt das Insulin ausreichend und wie lange wirkt es? Der Tierarzt erstellt eine Kurve der Wirkung des Insulins, sodass Sie wissen, wann die stärkste Wirkung im Körper ist und bis wann die Wirkung anhält.

Eine Freundin von mir, die Tierärztin ist, erzählte, dass es für Tierärzte die Verordnung gab, dass Caninsulin® kurzzeitig nicht mehr für Katzen zugelassen war, weil **ProZinc®**, ein Insulin, das speziell für Katzen aus Rinderinsulin hergestellt wurde, auf den Markt kam. ProZinc® steht für Protamin Zink, dies bildet einen Komplex, der für eine Trübung des Insulins und eine verzögerte Wirkung sorgt. Durch die verzögerte Freisetzung soll der Blutzuckerspiegel konstant gehalten werden. Caninsulin® war für Hunde zugelassen und weil es bis dahin nichts für Katzen gab, durfte es „zweckentfremdet“ werden. Nun gab es das ProZinc® und einige Katzen mussten umgestellt oder bei Diagnosestellung direkt darauf eingestellt werden.

Mittlerweile finden beide Insuline Verwendung beim Katzendiabetes. Der Erfahrungsschatz durch die jahrelange Anwendung ist beim Caninsulin® meist größer als beim ProZinc® und es wird daher besonders oft von Tierärzten empfohlen. Bei einer Studie mit 133 Katzen gab es beim ProZinc® bei 84 % aller behandelten Katzen eine Verbesserung der Blutzucker- und der Fruktosaminwerte. Onlinerecherchen ergaben jedoch, dass es auch manche Probleme mit dem Medikament ProZinc® gab. Laut Internetforum gab es einige Tiere, die folgenschwere Unterzuckerungen erlitten haben und starben. Ich will das Produkt nicht schlechtmachen. Es gibt bestimmt auch viele Tiere, die damit perfekt zurechtkommen.

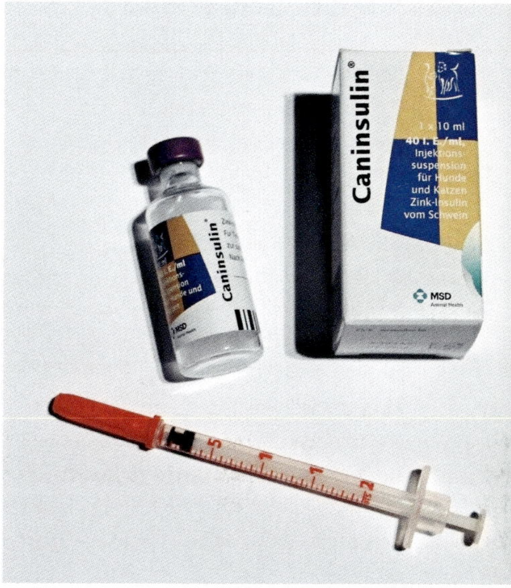

Caninsulin® ist das führende Präparat bei der Behandlung von Diabetes bei Hunden und Katzen.

Der Nachteil an diesem Medikament ist die verkürzte Wirkdauer bei einem sehr schnellen Eintritt der Wirkung. Von dem Hersteller gibt es hohe Dosisempfehlungen, dies bedeutet sehr viel Spielraum für das Insulin und eventuell Schwierigkeiten bei der Findung der passenden Dosis. In der Regel werden zweimal täglich 0,1 bis 0,4 IE/Kg der Katze verabreicht.

Bei einer Erkrankung wie Diabetes ist es wichtig, das Gleichgewicht zu halten. Der Blutzucker soll weder zu hoch noch zu niedrig sein. Zu hoher und zu niedriger Blutzucker sind Akutsituationen, die gefährlich sind. Eine exakte Einstellung für das Tier ist lebensnotwendig und ebenso das Augenmerk des Besitzers, ob sich das Verhalten des Tieres verändert hat, denn Verhaltensänderungen sind wichtige Warnhinweise.

Der Hersteller von ProZinc® verweist darauf, dass man sein Tier erst füttern und dann spritzen soll. Ebenso sollten feste Zeiten für die Injektionen festgelegt werden. Dosisempfehlung sind zwei Injektionen, diese sollten dementsprechend zwölf Stunden auseinanderliegen, also z. B. 8 Uhr morgens und 20 Uhr abends oder 10 Uhr morgens und 22 Uhr abends. Die höchste Wirkung vom ProZinc® Insulin ist nach fünf bis sieben Stunden erreicht. Abweichungen können zu gefährlicher Unterzuckerung führen.

Interessant bei den Recherchen zu ProZinc® Insulin ist der Mythos der Verabreichung. In einem Forum stand, dass man ProZinc® nur in den Nacken spritzen darf. **Das stimmt nicht.** Es kann ganz normal unter die Haut, vorzugsweise in den Bauch, gespritzt werden.
Hier eine kurze Zusammenfassung zu den bekannten Insulinen:

Caninsulin®

- Einteilung 40 IE/ml
- Schweineinsulin
- enthält 35 % amorphes Zinkinsulin und 65 % kristallines Zinkinsulin
- verzögerte, verlängerte Wirkung
- stärkste Insulinwirkung nach fünf Stunden
- Maximalwirkdauer zwölf Stunden
- für Katzen und Hunde zugelassen
- Dosierung zweimal täglich 0,2 IE/kg (1 Einheit)

ProZinc®

- Einteilung 40 IE/ml
- Rinderinsulin
- enthält Protamin Zink
- Langzeitwirkung
- stärkste Wirkung nach fünf bis sieben Stunden
- maximale Wirkdauer etwa zehn Stunden, oft nur vier bis acht Stunden
- für Katzen zugelassen
- Dosierung zweimal täglich 0,1 bis 0,4 IE/kg (1-3 Einheiten)

Allgemein unterscheidet man Insuline nach ihrem Wirkeintritt, ihrer gesamten Wirkdauer und ihrem Wirkmaximum, also dem Zeitpunkt der stärksten Wirkung.

- **Normalinsulin** wirkt nach etwa 20 Minuten für vier bis sechs Stunden, nach zwei Stunden am stärksten.
- **Analog-Insulin (schnell)** wirkt sofort für zwei bis drei Stunden, maximale Wirkung nach einer Stunde.
- **Analog-Insulin (basal)** wirkt nach ein bis zwei Stunden für bis zu 24 Stunden.
- **Zinkverzögertes Insulin** wirkt nach etwa zwei Stunden für bis zu 30 Stunden, nach acht Stunden maximal.
- **NPH-Basalinsulin** wirkt nach ein bis zwei Stunden für acht bis zwölf Stunden, maximal nach acht bis zehn Stunden.
- **NPH und zinkverzögertes Insulin** wirkt nach vier bis sechs Stunden bis zu 36 Stunden, maximale Wirkung nach zwölf Stunden.

Aus der Humanmedizin werden oft auch sogenannte Analog-Insuline (siehe oben) verwendet, die eine Wirkdauer von 18 bis 24 Stunden zeigen und unter den Namen Lantus® und Levemir® bekannt sind. Sie halten die Blutzuckerwerte stabil. Es kommt durch den ausgleichenden Effekt nicht zu sogenannten Blutzuckerspitzen. Mit anderen Worten, es geht nicht vom Berg ins Tal. Bei Humaninsulingabe sollten die Blutzuckerwerte vor dem Essen bestimmt werden, bevor das Insulin gespritzt wird. Da das Insulin 18 bis 24 Stunden wirken kann, kann es zu Unterzuckerung kommen.

Lantus®, Levemir®

- Enthält Glargin, ein gentechnisch hergestelltes Analog-Insulin.
- Wirkt bis zu 24 Stunden.
- Keine Zulassung für Katzen*.

* Der Einsatz des Insulins muss nach §56 des Arzneimittelgesetzes eine Umwidmungskaskade durchlaufen.

Caninsulin® und ProZinc® werden in der Regel verwendet, jedoch gibt es Fälle, in denen Tiere speziell auf Humaninsuline wie Lantus® eingestellt werden. Laut Tierarztaussage erfolgt dies, wenn die Katze weder auf Caninsulin® noch ProZinc® reagiert. Solche Fälle sind häufig bei einem durch Pankreatitis oder durch Cortisongabe ausgelösten Diabetes.

Eine Entzündung der Bauchspeicheldrüse (= Pankreatitis) kann die Insulinfreisetzung beeinflussen und Insulin muss verabreicht werden. Nach Ausheilung der Erkrankung normalisiert sich die Insulinfreisetzung und auf Insulin kann meist verzichtet werden. Es ist oft eine Übergangsphase.

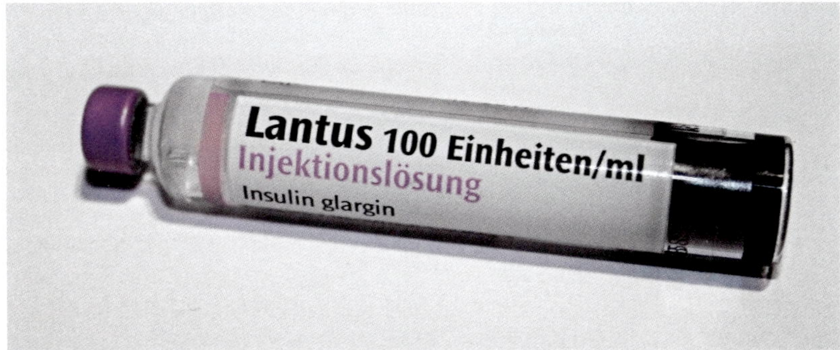

Obwohl dieses Insulin in der Regel nur bei Menschen eingesetzt wird, gibt es auch Ausnahmefälle, in denen es für Tiere verwendet wird.

Bei Therapien, die Cortison erfordern, ist es ähnlich. Durch das den Blutzucker erhöhende Cortison wird mehr Insulin benötigt und muss daher während der Behandlungszeit ergänzt werden.

Aus dem Ausland bekommt man auch andere Tierinsuline. Über die Internationale Apotheke in München kann man diese Insuline importieren lassen. Sie können in einer Apotheke in Ihrer Nähe die Bestellung veranlassen und von dort wird das Insulin per Kühlkette in Ihre Apotheke geliefert.
Die **ausländischen Insuline** bestehen aus Schweine- und Rinderinsulin. Das Schweineinsulin wird unter dem Namen Hypurin® Porcine hergestellt. Es gibt Hypurin® Porcine als Normalinsulin (Hypurin® Porcine Neutral) und mit NPH (= Normal Protamin Hagedorn®) und Isophan als Verzögerungszusätze (Hypurin® Porcine Isophane) sowie als Mischinsulin (Hypurin® Porcine 30/70 Mix).
Aus Rinderinsulin wird Hypurin® Bovine Neutral (Normalinsulin) und auch als Verzögerungsinsulin hergestellt mit Zink (Hypurin® Bovine Lente) oder mit Zusatz von NPH (Hypurin® Bovine Isophane).

Manche Tierärzte greifen auch auf diese ausländischen Insuline zurück. Die Auslandinsuline werden aber in der Regel erst angewendet, wenn alle auf dem deutschen Markt erhältlichen Insuline ausprobiert wurden und weder Caninsulin® noch ProZinc® oder Humaninsuline geholfen haben. Die Anwendung ist also sehr selten, aber nicht unmöglich.

Verabreichung

Wie bringt man nun das Insulin in den Körper? In der Humanmedizin gab es schon Versuche, Insulin zu inhalieren, es gab sogar schon Medikamente dafür, jedoch wurden diese kurz nach Erscheinen schon wieder vom Markt genommen. Es ist keine große Überraschung, dass eine Katze nicht in der Lage wäre zu inhalieren. Oft ist auch der Gedanke da, dass man Insulin ja vielleicht schlucken könnte, zwei, vielleicht drei Tropfen in den Mund – das kann doch klappen, oder? Leider nein, denn Insulin als eine Verbindung aus Eiweißen ist nicht in der Lage, der Magensäure Stand zu halten. Es kann zu keiner Wirkung kommen, daher muss Insulin gespritzt werden.

Bei den Spritzen ist besondere Vorsicht geboten. Am einfachsten ist es natürlich, man kauft die Sorte nach, die man vom Tierarzt mitbekommen hat. Die hier abgebildete Spritze ist eine U-40 Spritze, es gibt aber auch U-100 Spritzen. Bei U-100 Spritzen ist die Dosis 2,5-mal stärker. Eine 2,5-fache Überdosierung kann somit möglich sein, wenn man sich versieht, was eine lebensgefährliche Unterzuckerung zur Folge haben kann. Ebenso sollte auf den Inhalt der U-40er Spritzen geachtet

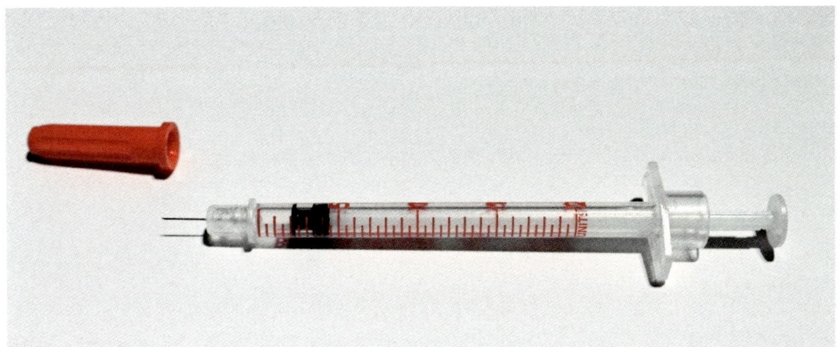

Dies ist eine BD U-40 Spritze in der 0,5 ml mit 20 Einheiten (Units) enthalten sind.

werden. Die abgebildete Spritze enthält 0,5 ml, es gibt aber auch Spritzen, die 1 ml enthalten. Viele meinen dann, sie müssten Einheiten umrechnen: Nein, müssen Sie nicht! Die Einheiten, die auf den Spritzen angezeigt werden, sind eine klare Angabe.

Eine Einheit ist eine Einheit!

Der erste Strich auf der Spritzskala entspricht übrigens null und nicht eins. Somit brauchen Sie keine Angst zu haben, dass Sie mehr aufziehen und verabreichen. Die Angabe auf der Skala stimmt.

Wichtig vor der Injektion ist das Durchmischen von Insulin. Insuline enthalten Trübstoffe (Zink, Protamin), die für eine verzögerte Wirkung sorgen und eben diese müssen durchgemischt werden. Dafür hält man die Ampulle kurz in der Hand, wärmt sie so auf und rollt die Patrone waagerecht darin. Das Insulin muss gleichmäßig trüb aussehen. Oft gibt es die Empfehlung, die Patronen zu schütteln, hiervon hat mir mein Tierarzt speziell abgeraten. Die Zerstörung der Struktur der Eiweißmoleküle und mögliche Auskristallisierungen werden befürchtet.

Applizieren von Insulin

- Holen Sie die Insulinpatrone aus dem Kühlschrank (optimal 2 bis 8 °C) und nehmen Sie eine neue Einmalspritze.
- Rollen Sie die Insulinpatrone in der Hand vorsichtig hin und her.
- Stechen Sie die Nadel der Spritze von unten durch den Gummistopfen der oberen Insulinpatrone.
- Drehen Sie die Patrone auf den Kopf (Patrone oben, Insulin nach unten).

- Ziehen Sie die vom Arzt verordnete Insulinmenge auf. Achten Sie auf Luftbläschen. Sollten Luftbläschen in der Spritze sein, können Sie gegen den Plastikkörper der Spritze klopfen. Bläschen steigen dann nach oben und können in die Flasche zurückgespritzt werden.
- Ziehen Sie die Nadel aus dem Gummistopfen.
- Kontrollieren Sie noch einmal, ob Sie die richtige Dosis eingestellt haben.
- Stellen Sie das Insulin zurück in den Kühlschrank.
- Streicheln Sie Ihre Katze, legen Sie den Arm um sie (siehe unten Schmusetrick).
- Stechen Sie die Nadel in eine Hautfalte an der Bauchwand. Ich empfehle, in den hinteren Bereich des Bauches zu spritzen.
- Drücken Sie den Kolben nach unten und warten Sie etwa 5 Sekunden, damit das gesamte Insulin injiziert ist und nicht wieder aus der Einstichwunde herausläuft.
- Ziehen Sie die Nadel heraus und streicheln Sie Ihre Katze.
- Geben Sie ihr etwas zu fressen. Eventuell haben Sie das ja auch schon getan und anschließend gespritzt.
- Entsorgen Sie die Spritze. Aus der Apotheke kann man Kanüleneimer (Medibox®) zur Entsorgung bekommen.

Das Insulin wird in eine Hautfalte in der Bauchwand injiziert.

VetPen®

Die Firma Intervet, die das Caninsulin® produziert, hat nun den VetPen® auf den Markt gebracht. Anstelle von Einmalspritzen hat man hier einen Fertigpen, den man mit Kanülen zum Wechseln befüllen kann. Stellen Sie sich einen Füller vor, der per Rädchen Tinte frei gibt. Statt Tinte ist natürlich Insulin enthalten.

Der VetPen® wird mit einer Kanüle bestückt und das Tier kann gespritzt werden. Ist der Pen ganz neu, sollten anfangs etwa 5 Einheiten eingestellt und herausgespritzt werden, um zu gewährleisten, dass der Kolben, der die passende Insulinmenge herausspritzt, richtig eingestellt ist. Nach dem Applizieren bleibt die Nadel 5 Sekunden im Tier, um ein Nachtröpfeln zu vermeiden. Ist die Dosierung im Rädchen erst einmal eingestellt, darf **nicht** zurückgedreht werden, weil der Pen sonst beschädigt wird. Die Dosiseinstellung erfolgt in 0,5er- bis 1er-Schritten.

Der VetPen® für Katzen ist in 0,5er-Schritten bis maximal 8 Einheiten spritzbar. Bei Hunden gibt es die Möglichkeit, 1 bis 16 Einheiten zu spritzen. Große und schwere Hunde brauchen mehr als kleine, leichtere Hunde. Sollte man zu viel eingestellt haben, ist diese Dosis zu verwerfen (herausspritzen) und die Dosis ist neu einzustellen.
Intervet stellt auch unter www.caninsulin.de ein Behandlungs-Tool zur Verfügung, der Tierbesitzer unterstützen soll. Ich verweise darauf, dass Dosierungen grundsätzlich nur vom Arzt erfolgen dürfen. Bei Diabetikern, egal ob Hund, Katze oder Mensch, ist es wichtig, die Werte im Gleichgewicht zu halten.

Erwähnt werden sollte auch der Kostenpunkt, denn leider ist der VetPen® relativ teuer und man benötigt hierfür auch passende Kartuschen und Kanülen. Normale Einmalspritzen sind im Vergleich wesentlich günstiger.

Der Schmusetrick

Bei der Verabreichung der Spritzen habe ich einen kleinen **Schmusetrick.** Es ist wie ein festes Ritual, denn abends um 20 Uhr kommt meine Miez. Wenn Essenszeit ist, ziehe ich die benötigte Insulindosis auf und stelle das Essen bereit. Meine Katze sieht das Essen und will natürlich dorthin. Ich bücke mich nach unten, halte die Spritze in der rechten Hand, lege den linken Arm um die Brust meiner Katze, bilde mit der linken Hand eine Bauchfalte und appliziere die Nadel in die Bauchfalte. Durch die Umarmung kann die Katze nicht weglaufen oder sich loszappeln, zudem ist sie ganz hypnotisiert vom Essen.

Halten Sie die Nadel, nachdem Sie den Kolben heruntergedrückt haben, noch kurz im Körper. Das verhindert das Herauslaufen des Insulins aus der „Stechwunde".

Mit dem „Schmusetrick“ lässt sich das Spritzen besser durchführen.

Zählen Sie bis 5 oder 10. So geht man sicher, dass das ganze Insulin in den Körper gelangt und beim Herausziehen der Nadel nicht aus dem Körper fließt. Streicheln Sie Ihre Katze danach ruhig, so können Sie nochmals kontrollieren, ob Flüssigkeit ausgetreten ist.

Kurz nach dem Spritzen hat meine Katze das ganze Prozedere vergessen und stürzt sich sofort auf das Essen. Vorsicht! Manche Tiere sind danach beleidigt und essen nicht gleich alles auf. Einige Tierbesitzer spritzen Ihr Tier erst, wenn es wirklich alles aufgegessen hat. Sie werden feststellen, zu welcher Sorte Ihre Katze gehört. Gefährlich kann es werden, wenn Ihr Tier gespritzt wurde, aber nichts gegessen hat. Eine Unterzuckerung (siehe Seite 62ff.) kann dann die Folge sein.

ANGST VOR INJEKTIONEN?

Die meisten Katzenbesitzer haben anfangs Angst vor der Gabe der Injektionen. Wer mag schon Nadeln gern? Innerhalb kürzester Zeit werden Sie sich aber daran gewöhnen, Ihrem Tier die Injektion zu geben. Der Tierarzt wird Ihnen zeigen, wie Sie Ihr Tier spritzen müssen. Haben Sie keine Angst davor: Mit den Injektionen helfen Sie Ihrer Katze. Mit dem Insulin verlängern Sie das Leben und verbessern die Lebensqualität Ihrer Katze. Es wird zu einem Ritual, an das sich auch das Tier gewöhnt.

Lagerung und Haltbarkeit von Insulin

Insulin muss kühl gelagert werden. Optimal sind 2 bis 8 °C. Am besten, Sie legen das Insulin ins Gemüsefach des Kühlschranks oder in die Außentür nahe des Lagerplatzes der Eier. Wird Insulin nicht im Kühlschrank aufbewahrt, muss es binnen von vier Wochen verbraucht oder entsorgt werden, um keine Wirkeinbuße des Insulins zu erhalten. Wichtig ist, dass Insulin nach Anbruch nur begrenzt haltbar ist, da die Eiweiße zerstört werden können. Caninsulin® ist z. B. nach Anbruch offiziell 28 Tage (!) haltbar.

Diese Herstellerempfehlung sollte man nicht missachten. Man kann es zwar machen wie beim Haltbarkeitsdatum eines Joghurts: Das Datum kann offiziell abgelaufen sein und die Firma garantiert dafür nicht mehr, aber der Joghurt kann noch gut sein und schmecken. Allerdings ist Insulin ein Medikament, das Ihrem Tier helfen soll, daher gehen Sie bitte kein Risiko ein und erneuern Sie das Insulin regelmäßig!

Die häufigsten Fragen

Spontanheilung durch Kastration?
Wahrscheinlich wird der Tierarzt Sie gefragt haben, ob ihr Tier schon kastriert ist. Sexualhormone können den Diabetes beeinflussen. Bei einer Kastration und der dadurch resultierenden Hormonveränderung kann es zur Normalisierung der Werte kommen. Jedoch ist dies meist nur von kurzer Dauer, da Katzen nach der Kastration bis zu 20 % an Gewicht zunehmen und in solchen Fällen der Diabetes meist erneut auftaucht.

Wann darf kein Insulin gespritzt werden?
Es gibt Situationen, in denen Sie Ihr Tier nicht spritzen sollten. Ihre Katze hat sich erbrochen oder/und verweigert ihr Futter oder verhält sich auffällig. Auffälliges Verhalten ist, wenn Ihre Katze sich zurückzieht oder apathisch wirkt, zittert oder einen Laufzwang hat. Dies sind Symptome, die auf eine Unterzuckerung (siehe Seite 62ff.) hinweisen können. Unterzuckerungen sind gefährliche Situationen, in denen Sie handeln müssen. Falls Sie unsicher sind, ob es sinnvoll ist Ihr Tier zu spritzen, rufen Sie Ihren Tierarzt an. Er hilft Ihnen, die Situation besser einzuschätzen. Tierärzte empfehlen dann häufig, die halbe Dosis an Insulin zu spritzen, da ein Tier auch ohne Nahrung einen Verbrauch an Insulin hat wie z. B. während einer Erkrankung.

Es wurde zu viel gespritzt – was tun?
Eine Unterzuckerung kann die Folge sein. Geben Sie Ihrem Tier wenn möglich reichlich Futter und halten Sie sich für eine eventuelle Unterzuckerung bereit. Beobachten Sie Ihre Katze auf Veränderungen im Verhalten. Genaue Angaben zum Thema Unterzuckerung finden Sie ab Seite 62.

Was tun, wenn zu wenig Insulin verabreicht wurde bzw. Insulin aus der Injektionsstelle ausgetreten ist?
Eine unbekannte Menge an Insulin ist ausgetreten. Das kann schnell passieren, wenn Ihr Tier herumzappelt, während Sie gerade den Kolben der Spritze herunterdrücken. Verringern Sie die Futtermenge etwas und beobachten Sie Ihr Tier. Einmal etwas weniger Insulin spritzen ist vertretbar, wenn Ihr Tier schon gut auf das Insulin eingestellt ist. Am Anfang kann das aber kritisch sein, wenn die passende Einstellung noch nicht gefunden worden ist. Deswegen empfehle ich in solch einem Fall das Aufsuchen des Tierarztes, der Sie beraten wird.

Wie oft kann ich die Spritzen verwenden?
Spritzen oder Kanülen sind offiziell Einmalartikel. Je länger Sie eine Nadel verwenden, umso mehr wird die Injektion Ihrem Tier wehtun. Nadeln sehen zwar

spitz aus, verkrümmen sich aber, was nur mikroskopisch sichtbar ist. Aus eigener Erfahrung kann ich berichten, dass eine Nadel, die mehr als dreimal benutzt wurde, nicht mehr schmerzfrei in die Haut hineingleitet. Die Folge von mehrmaligem Verwenden einer Nadel: Ihr Tier hat Schmerzen bei der Applikation und es kann passieren, dass die Nadel verstopft und das Insulin nicht vollständig appliziert wird. Dies sorgt für stark schwankende Werte und kann ein weiteres Risiko für Spätfolgen sein, an denen Ihr Tier erkranken kann. Darum wechseln Sie die Nadeln regelmäßig!

Behandlungskontrolle

Sie füttern Ihre Katze nach Plan, Sie geben Ihrem Tier Injektionen. So weit, so gut! Aber vergessen Sie nicht, das alles zu protokollieren, um gemeinsam mit Ihrem Arzt die Werte kontrollieren zu können. Ein grobes Bild bekommt Ihr Arzt durch den Fruktosaminwert, ob z. B. die Einstellung ungefähr stimmt. Aber eine genaue Dokumentation der Werte ist eine große Hilfe für die optimale Einstellung Ihrer Katze.

Das Allgemeinbefinden der Katze sollte regelmäßig protokolliert werden.

Beispiel für die Protokollierung:

Datum	1.10.
Gewicht	5,3 kg
Uhrzeit der Messung	20:05 Uhr
Messergebnis	216 mg/dl
Dosierung in I.E.	1,5 IE
Bemerkungen	....

Unter den Bemerkungen können Sie verschiedene Angaben eintragen, z. B. zu der Wasseraufnahme des Tieres, ob es besonders viel getrunken hat oder ob es besonders viel Urin gelassen hat. Ebenso Angaben zu dem Allgemeinbefinden der Katze sollten gemacht werden. Wirkt Ihr Tier besonders schlapp und müde? (Nicht vergessen, Katzen sind wie Babys, sie schlafen unglaublich viel am Tag!)

Sie kennen Ihre Katze und werden feststellen, ob das Verhalten anders ist oder ob Ihr Tier besonders kraftlos ist, wie z. B. beim Klettern. Meine Miez ist von der Kommode abgerutscht, weil sie keine Kraft mehr hatte.
In das Protokoll sollten Sie auch durchgeführte Urintests eintragen. Ist ein Nachweis von Zucker im Urin, ist der Test positiv und verweist auf erhöhte Blutzuckerwerte über längere Zeit hin. Hatte Ihre Katze Stunden nach der Nahrungsaufnahme eine Unterzuckerung, sollten Sie auch dies schriftlich protokollieren.

Auch das Verhalten der Katze sollte im Protokoll eingetragen werden.

Remission

Unter diesem Begriff versteht man eine Besserung des Krankheitszustandes. Geht eine diabetische Katze in Remission, ist sie wieder in der Lage ihren Blutzuckerspiegel zu kontrollieren, ohne dass Insulin verabreicht werden muss. Die Wahrscheinlichkeit einer Remission ist abhängig von der Einstellung des Blutzuckerspiegels. Je besser der Blutzuckerspiegel eingestellt ist, desto höher ist die Wahrscheinlichkeit, dass sich die Betazellen der Langerhans'schen Inseln regenerieren. Die Möglichkeit liegt durchschnittlich bei etwa 30 bis 50 %.

Hat Ihre Katze diesen Übergang in die Remission erreicht, sollten regelmäßig Kontrolltermine beim Tierarzt gemacht werden, um den Langzeitblutzuckerwert zu bestimmen und Dosisanpassungen des Insulins zu besprechen. In der Regel wird die Dosis des Insulins alle zwei Wochen um 0,5 IE gesenkt und nach und ausgeschlichen. Die Katze sollte weiterhin beobachtet werden, da auch ein Rückfall der Symptombesserung erfolgen kann. Um dies zu vermeiden, muss Ihre Katze weiterhin mit für Diabetiker geeignetem Futter ernährt und ihr Gewicht sollte regelmäßig kontrolliert werden. Zudem sollten Sie auch den Blutzuckerwert nach dem Essen bestimmen. Ist der Wert etwa zwei bis drei Stunden nach der Nahrungsaufnahme im Normalbereich, ist die Remission nicht gefährdet.

**Ein ausgeglichener Blutzuckerwert ist das, was wir wollen.
Mit der richtigen Ernährung, Bewegung
und Medikamenteneinstellung erreichen wir das.**

Woran erkennt man den Therapieerfolg?

Am besten merken Sie es an dem Allgemeinbefinden und dem Verhalten Ihrer Katze. Isst die Katze normal, trinkt sie normal? Uriniert sie übermäßig? Wirkt sie kraftlos? Nimmt sie stark ab? Nimmt sie stark zu?
Kontrollieren Sie regelmäßig das Gewicht Ihrer Katze und protokollieren Sie die Daten. Sie können sich hierfür z. B. mit und ohne Katze wiegen und die Differenz ausrechnen. Unter uns, schummeln Sie nicht, denn ich würde meine Miez plötzlich auch 4 bis 5 Kilogramm schwerer machen, indem ich bei mir etwas abziehe und bei ihr draufrechne.
Wenn Sie können, messen Sie den Blutzucker Ihres Tieres. Sie können dies selbst versuchen oder beim Arzt bestimmen lassen. Der Arzt kann auch den Fruktosaminwert, also den Langzeitwert bestimmen und so Angaben über den Therapieerfolg machen. Ist der Fruktosaminwert dauerhaft konstant im Normalbereich,

ist das das beste Zeichen für eine dauerhafte Remission. Auch Urinmessungen sind sinnvoll, um einen mögliche Bakterienbefall der Blase zu kontrollieren.

**Ernähren Sie Ihre Katze richtig,
sorgen Sie für ausreichend Bewegung und haben Sie Spaß mit ihr!
Verliert Ihre Katze an Körpergewicht,
kann die Insulindosis reduziert werden
oder es muss vielleicht gar nicht mehr gespritzt werden!**

Überzuckerung

Hyperglykämie oder übersetzt Überzuckerung ist ein Zustand, in dem die Blutzuckerwerte weit über 300 mg/dl liegen und dafür sorgen, dass Ihr Tier schlapp und kraftlos ist, starken Durst hat und vermehrt Harn lässt. Die Symptome sind wie bei der anfänglichen Diagnosestellung. Es beginnt scheinbar alles von Neuem wie vor der Diagnosestellung und Therapieeinstellung. Bin ich überzuckert, habe ich leichte Schmerzen in den Gliedmaßen, etwa wie bei einem Muskelkater.

Beim menschlichen Diabetes gibt es ein Phänomen: Macht man Sport bei einem erhöhten Zucker von über 300 mg/dl, steigt der Blutzucker noch weiter an. Wie kommt das? Bewegung in Form von Sport senkt doch den Blutzucker. Ja, aber dies gilt nur in normalen Blutzuckerbereichen. Bei körperlicher Belastung während einer Überzuckerung steigt der Blutzucker noch höher. Nur Insulin kann den Blutzucker dann noch senken. Kurzzeitig erhöhte Blutzuckerwerte sind kein Problem, eine längere Erhöhung der Werte ist schädlich für den Organismus.

Gründe für Überzuckerung:

- Es wurde kein oder zu wenig Insulin gespritzt.
- Es wurde zu viel gegessen.
- Das Tier hatte Stress (z. B. bei Tierarztuntersuchungen).
- Medikamente wurden eingenommen (z. B. Cortison).
- Andere Erkrankungen liegen vor (z. B. Pankreatitis, Schilddrüsenerkrankungen).

Spätfolgen

Bei dauerhaft erhöhten Werten besteht – vorwiegend bei Menschen – die Gefahr, an Spätfolgen zu erkranken. Diese Spätfolgen können sich über eine längere Zeit entwickeln, daher ist es wichtig, den Blutzucker dauerhaft im Gleichgewicht

zu halten. Spätfolgen können, müssen aber nicht auftreten. Man kann jederzeit etwas dagegen tun, dass sie auftreten.
Bei Tieren kennt man diese Spätfolgen nicht so ausgeprägt wie bei Menschen, aber die Möglichkeit besteht dennoch, dass die Organe Ihrer Katze Schaden nehmen können.

Beim Menschen gehören zu den möglichen Spätfolgen:

- Nierenerkrankungen
- allgemein Gefäßschäden
    - Unterversorgung der Gefäße der Gliedmaßen
    - Unterversorgung der Gefäße der Augen
- Herzprobleme
- Schlaganfall
- Koma

Augen- und Nervenschäden an den Gefäßen können zu Erblindungen und Amputationen führen. Der Druck auf die Augen kann auch durch Wassereinlagerungen erhöht werden. Bei längeren und wiederholten Überzuckerungen lässt die Durchblutung der Gefäße nach. Auch dies ist ein schleichender Prozess, der durch gute Einstellung der Blutzuckerwerte verhindert werden kann. Es gibt auch Fälle, in denen Katzen durch starke Überzuckerungen einen Schock erlitten haben und erblindet sind.

Ansonsten sind bei Katzen einige der obigen Spätfolgen zum Glück extrem selten, so z. B. Herzerkrankungen und Infarkte. Schlaganfälle können Lähmungen auslösen, aber auch dies ist selten, jedoch nicht unmöglich!

Nierenschäden führen beim Menschen zu einer regelmäßigen Wiederholungstherapie mit Dialyse (= Blutwäsche). Dies ist bei Katzen jedoch schwerer durchführbar. Katzen neigen sehr oft zu Nierenerkrankungen (siehe Seite 73ff.), da sie kein Durstempfinden haben. Hauskatzen jagen keine Mäuse oder Vögel oder anderes, daher wird oft sehr wenig getrunken. In der Natur werden Katzen durch das Blut ihrer Beutetiere mit Flüssigkeit versorgt. Da Hauskatzen nichts erbeuten, wird die Wasseraufnahme vernachlässigt.

Bislang ist der Zusammenhang bei Katzen mit Diabetes und Nierenerkrankungen noch unklar. Es ist typisch beim menschlichen Diabetes, dass Menschen mit hohen Blutzuckerwerten und hohem Blutdruck oft als Spätfolge eine Nierenerkrankung entwickeln. Bei Katzen könnte dies auch passieren. Es wird aber vermutet, dass Nierenerkrankungen bei Katzen vorwiegend bei dauerhaft erhöhten

Blutdruckwerten entstehen, daher werden Katzen oft mit Blutdrucksenkern (ACE-Hemmern) behandelt, um den Blutdruck in einem gesunden Gleichgewicht zu halten und um Schädigungen der Nieren vorzubeugen.
Das Gute an den Spätfolgen ist, dass sie selten so schnell auftreten. Kurzzeitige Blutzuckererhöhungen sind nicht schädlich, lediglich länger währende Blutzuckerspitzen schaden dem Körper. Mit einer guten Einstellung können wir Spätfolgen vorbeugen und unser Tier lange gesund halten.

Ketoacidose

Die größte Gefahr bei Überzuckerungen ist eine Ketoacidose. Gewichtsreduktion ist ein wichtiger Bestandteil in der Therapie Ihrer Katze, aber sind die Blutzuckerwerte dauerhaft erhöht, werden Sie feststellen, dass Ihr Tier an Gewicht verliert. Dieser ausgelöste Gewichtsverlust ist nicht beabsichtigt, weil er krankhaft ist. Insulin fehlt, Energie kann nicht umgewandelt werden, daher versucht der Körper über Abbau von Fettreserven Energie zu gewinnen. Beim Menschen entsteht beim Überzuckerungsprozess durch zusätzlichen Eiweißabbau Aceton, das zur chemischen Gruppe der Ketone zählt.
Bei Menschen nimmt man dann einen apfelartigen Mundgeruch wahr, dies ist bei Tieren aber nicht so einfach festzustellen. Auch bei Tieren ist dieser Vorgang gefährlich, denn eine Ketoacidose ist ein Zustand, der den Körper übersäuert und austrocknet. Organe werden angegriffen und geschädigt. In schweren Fällen kann es zum Koma führen. Ist Ihr Tier kraftlos und zeigt Magen-Darm-Beschwerden wie Übelkeit, Erbrechen, Durchfall und Magenkrämpfe, suchen Sie bitte umgehend einen Tierarzt auf. Ein Arzt muss beim Verdacht auf Ketoacidose sofort aufgesucht werden, da bei einer Ketoacidose ein hohes Sterberisiko besteht. Ja, dieser Zustand kann lebensgefährlich sein für Ihre Katze!!!
Im Falle einer Ketoacidose verabreicht der Arzt zuerst Flüssigkeit über bis zu zwölf Stunden, um die Austrocknung und dadurch entstehendes Kreislaufversagen zu verhindern. Hierzu gibt der Arzt Ringerlösung, Kochsalzlösung oder Sterofundinlösung. Kochsalzlösung hat einen 0,9%igen Gehalt an Kochsalz, das dem Druck unseres Blutes entspricht. Ringerlösung und Sterofundinlösung enthalten außer dem Kochsalz noch weitere Elektrolyte, um den Flüssigkeitsverlust auszugleichen.

Durch Mangel an Flüssigkeit kann es zu Elektrolytverschiebungen und Verlust von Kalium kommen. Kalium hat eine Wirkung auf das Herz und somit auf das gesamte Kreislaufsystem. Durch zu wenig Kalium kann das Herz ins Stolpern geraten und schwerwiegende Kreislaufprobleme können die Folge sein. Ist der Körper wieder durchfeuchtet und der Kreislauf dadurch stabilisiert, kann der Arzt mit der Gabe von Insulin beginnen.

Kraftlosigkeit könnte ein Zeichen für Ketoacidose sein.

Vor der Durchfeuchtung kann das Insulin mit seiner Wirkung nicht greifen. Man spritzt Insulin, aber der ausgetrocknete Körper reagiert nicht darauf. Stellen Sie es sich vor, als hätten Sie ungeübt bei 40 Grad im Schatten einen 5-Kilometer-Lauf gemacht und nun im Ziel gibt es nichts zu trinken, ehe Sie nicht noch 10 Minuten Liegestütze gemacht haben. Der Körper kann einfach nicht mehr die volle Leistung bringen. Ein Körper, egal ob Mensch oder Tier, braucht Wasser, um den Kreislauf aufrecht zu erhalten. Ohne Wasser kein Leben!

Bei einer Ketoacidose werden unter tierärztlicher Aufsicht stündliche Kontrollen des Blutzuckers und des Allgemeinzustandes des Tieres gemacht. Anpassungen der Dosierung von Flüssigkeiten und von Insulin werden vorgenommen, um den Körper allmählich ins Gleichgewicht zu bringen.

Unterzuckerung

Bei Hypoglykämie handelt es sich, wie der Begriff Unterzuckerung schon sagt, um zu tiefe Blutzuckerwerte. Liegen sie unter 70 mg/dl, können sie für Ihre Katze gefährlich werden.

Gründe für Unterzuckerung:

- Die Katze hat zu wenig gegessen, aber die gewohnte Menge Insulin bekommen.
- Dem Tier wurde zu viel Insulin gespritzt.
- Die Katze war extrem aktiv und hat viel Zucker verbraucht (Sport lässt grüßen!).
- Die Katze hat abgenommen und ist in der Remission.

Allgemeine Symptome einer Unterzuckerung:

- Nervosität
- Laufzwang (oft an der Wand), häufig schwankend
- Pupillenerweiterung
- Muskelzittern, Bewegungsstörungen
- zitternde Schnurrhaare
- Hunger
- Krämpfe
- Koma

Bei einer Unterzuckerung sollten Sie Ihr Tier stets weiter beobachten und ihm etwas zu fressen geben, zudem sollten Sie möglichst schnell einen Tierarzt aufsuchen, um den Zustand des Tieres zu kontrollieren und eine Therapieveränderung zu besprechen, da die Insulinmenge reduziert werden muss, um weitere Unterzuckerungen vermeiden zu können. Unterzuckerung kann also durchaus positiv sein, weil es auf eine Remission, also eine Besserung des Zustandes hinweisen kann. Oft ist die Umstellung der Ernährung so erfolgreich, dass weniger Insulin gespritzt werden muss oder auch manchmal gar kein Insulin mehr benötigt wird.

Sie kennen Ihr Tier am besten und werden merken, wenn etwas mit ihm nicht stimmt. Für Ihr Tier sind Unterzuckerungen gefährliche Situationen, in denen es Ihre Hilfe braucht.

Unterzuckerung kann dazu führen, dass eine Katze aufgrund ihres Bewegungsdrangs irgendwo abstürzt. In so einem Fall muss man helfend eingreifen.

Erfahrungsbericht

Kennen Sie Shrek, den Animationsfilm? Darin kommt auch der Gestiefelte Kater vor, der seine Feinde mit seinem Blick ablenkt und betört.

Meine Katze sah mich mit dem Gestiefelter-Kater-Blick an. Ihre Pupillen waren stark geweitet, sie schnüffelte aufgeregt, war unruhig und beinahe nervös. Ein Bewegungsdrang ließ sie permanent auf und ab an den Wänden entlanglaufen. Sie war ganz von Sinnen. Aus meinem eigenen Leben kenne ich Unterzuckerungen. Ich habe sie schon bei mir selbst oft erlebt, allerdings noch nie bei meiner Katze. Ich hatte gleich die Vermutung, dass sie bestimmt unterzuckert sei, und wollte dies durch eine Recherche im Internet bestätigen. Nun, die Symptome passten, als ich plötzlich hörte, wie ein Bilderrahmen in meinem Flur herunterfiel. Ich habe

Mit Honig, der sich gut einflößen lässt, kann man bei der Katze einer Unterzuckerung entgegenwirken.

eine Wendeltreppe zum Schlafzimmer nach oben und der Aufgang ist mit vielen Bilderrahmen versehen. Meine Katze hatte sich in ihrem Bewegungsdrang durch die Treppensprossen gedrückt und versuchte weiterzugehen, ohne Rücksichtnahme, ob es bergab ging oder nicht. Ja, ich sage es, wie es ist: Diese Katze war suizidgefährdet. Es endete damit, dass ich meine Katze auffing, als sie sich von der Treppe fallen ließ.

Zu wenig Zucker im Blut ist wie zu wenig Sauerstoff im Hirn!

Mit anderen Worten, man ist nicht unbedingt clever. Alle Funktionen im Körper laufen auf Notstrom. Man ist vollkommen verwirrt, registriert manchmal gar nicht, dass man unterzuckert ist. Und wenn wir Menschen schon so durch den Wind sind, wie soll das dann erst bei Tieren sein?
Ich versuchte, den Blutzucker zu bestimmen, um ganz sicher zu sein, doch es klappte nicht, denn bis dahin hatte ich nie selbst bei ihr gemessen. Ich schnappte Miez und setzte sie vor eine Schale mit Futter. Das war nicht so schlau, zumal im Diabetiker-Katzenfutter ja kaum etwas Gehaltvolles ist, das ihren Zucker hochtreiben konnte. Beim Menschen gibt es Apfelsaft oder Traubenzucker oder allgemein kohlenhydratreiches Essen, um Energie zu bekommen und den Zucker wieder zu erhöhen. Apfelsaft trinkt meine Katze nicht, Traubenzucker kaut sie auch nicht, am Traubenzuckerpulver verschluckt sie sich. Was sollte ich tun? In einem Forum stand, dass man dem Tier süße Kekse zu essen geben soll. Welche Katze futtert denn Kekse? Nun, meine Katze leider nicht.
Auf Rat von Sarah, der befreundeten Tierärztin, sollte ich Zuckerwasser in ihren Mund spritzen oder ihr Honig geben. Bewaffnet mit der „Flotten Biene“ schnappte ich mir Miez und versuchte, möglichst viel in sie hinein zu bekommen. Es

TIPP

Einfach ein paar Teelöffel Zucker in Wasser lösen, mit der Spritze aufziehen und in den Katzenmund hineinspritzen. Ärzte empfehlen 1 g Zucker pro Kilogramm Körpergewicht aufzulösen. Wenn Sie die Zuckerlösung in den Mund geben, achten Sie darauf, dass Sie es langsam machen, damit sich Ihr Tier nicht verschluckt. Ich bevorzuge dafür die 2-ml-Spritze, die ist schön handlich und ich kann nicht zu viel auf einmal verabreichen. Verschlucken soll sich das Tier in der Notsituation nicht, denn dann wird es nur noch verstörter.

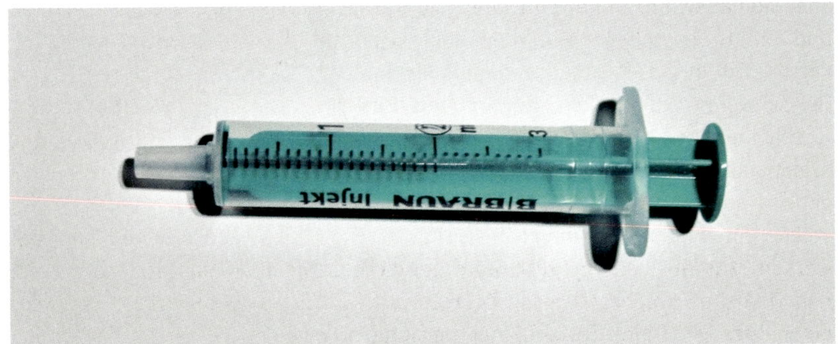

So eine 2-ml-Spritze (ohne Nadel!) ist ideal geeignet, um dem Tier die Zuckerlösung zu verabreichen.

dauerte fast drei Stunden, bis Miez wieder normal war. Seit diesem Vorfall habe ich immer Einwegspritzen im Hause, um notfalls eine Zuckerlösung verabreichen zu können.

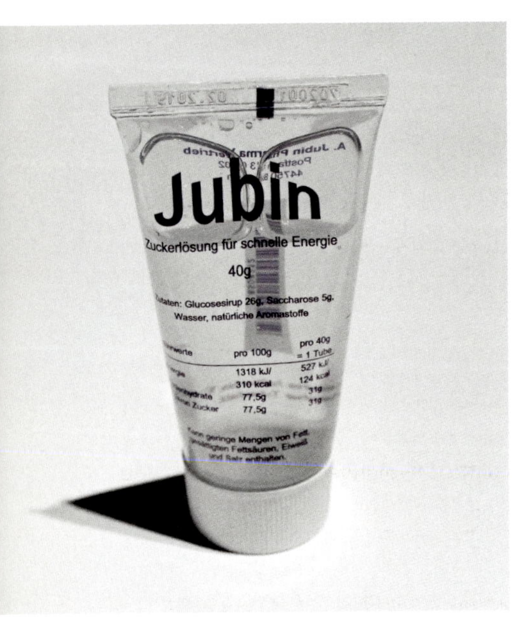

Es gibt auch fertige Zuckerlösungen, die man der Katze bei Unterzuckerung geben kann.

Es kann dauern, bis Ihre Katze wieder normal ist und Sie sollten so lange bei Ihrem Tier bleiben, um Verletzungen (wie z. B. Treppenstürze) zu vermeiden. Drücken Sie immer wieder etwas Honig in den Mund der Katze oder flößen ihr etwas Zuckerlösung ein. Es sind kleine Mengen, die Ihrem Tier helfen werden. Beobachten Sie es weiter. Katzen haben meist einen Bewegungsdrang, sie strampeln und wollen laufen, wenn sie festgehalten werden, aber man kann sie gut greifen und ihnen den Honig oder die Zuckerlösung geben.

Ein Tier, das gegen seinen Willen festgehalten wird, wehrt sich. Fauchen, Kratzen, Beißen sind natürliche Reaktionen – Ihr Tier wird sich anders verhalten als sonst. Meine Katze ist zwar eher kratzbürstig (wortwörtlich),

aber sie hat sich nicht gewehrt, denn sie war nicht in der Lage, mein „Festhalten und Füttern“ als Angriff wahrzunehmen. Dennoch gilt Vorsicht, denn jedes Tier verhält sich in dieser Situation anders als sonst.
Bei schweren Unterzuckerungen tritt als Reaktion auch starkes Krampfen auf. In solch einem Fall verhält sich Ihr Tier wie ein Epileptiker und kann durch den Krampf auch beißen und sich sogar in Sie verbeißen. Der Tierarzt muss umgehend aufgesucht werden, da die Gabe von Honig oder Zuckerlösung in ein verkrampftes Maul nicht möglich ist. Und der Kiefer des Tieres soll nicht verletzt werden, was durchaus möglich wäre bei gewaltsamem Öffnen des Mauls durch den Tierhalter. Ein Tierarzt kann Relaxantien zum Entkrampfen spritzen und/oder einen Zugang für eine Zuckerlösung per Infusion legen.

TIPP

Haben Sie immer Einwegspritzen, Zucker und Honig (am besten in der Tube) zu Hause. Auch Traubenzuckergel, wie z. B. Jubin® (gibt es in der Apotheke) kann gegeben werden. Nicht vergessen: Katzen können kein „süß“ schmecken!

Fallbeispiele aus der Tierarztpraxis

Benny, 9 Jahre, 5 kg, Birmakatze
Glukose (Richtwert 3,7-6,9 mmol/l): 19,1 mmol/l, 346 mg/dl
Fruktosamin (Richtwert: 200-340 µmol/l): 496 µmol/l
Kreatinin (Richtwert 0-169 U/l): 120 U/l
Harnstoff (Richtwert 5-11,3U/l): 10,6 U/l

Der Kater Benny wurde in die Praxis gebracht und litt unter starkem Durst. Zudem hatte er gesteigerten Appetit, obwohl er immer dünner wurde und über 500 g seit dem letzten Arztbesuch abgenommen hatte. Die Blutergebnisse zeigten hohe Werte an. Sowohl der Blutzucker- als auch der Fruktosaminwert waren hoch. Der Blutzucker war zwar nur leicht erhöht, aber der sehr hohe Fruktosaminwert schließt eine kurze durch Stress ausgelöste Überzuckerung aus. Der Blutzucker war schon länger erhöht. Bei Benny wurde Diabetes diagnostiziert. Die Nierenfunktion war normal. Benny wurde anfangs auf eine zweimalige Gabe von 1,5 IE Caninsulin® im Abstand von zwölf Stunden eingestellt. Eine Gewichtsreduktion und eine dazu passende Ernährung wurden ebenfalls empfohlen.

Zur Kontrolle, ob nun die richtige Dosiseinstellung gefunden wurde, wurde Benny zwei Monate später für ein Ganztagesprofil in die Arztpraxis gebracht. Über zwölf Stunden wurden die Blutzuckerwerte alle zwei bis drei Stunden gemessen. Die Blutzuckerwerte waren konstant eingestellt. Regelmäßige Kontrollen des Langzeitwertes werden weiterhin monatlich durchgeführt.

Minnie, 10 Jahre, 6 kg, Europäisch-Kurzhaar
Glukose (Richtwert 3,7-6,9 mmol): 1,9 mmol, 34 mg/dl
Fruktosaminwert (Richtwert 200-340 µmol/l): 324 µmol/l
Kreatinin (Richtwert 0-169 U/l): 178 U/l
Harnstoff (Richtwert: 5-11,3 U/l): 19,7 U/l

Die Katze Minnie hatte mehrere Tage ihr Fressen verweigert und bekam dreimal mit Abstand von jeweils zwei Tagen ein Cortison verabreicht. Die Katze fraß wieder. Zwei Wochen danach litt das Tier unter enormem Durst, verstärktem Wasserlassen und starkem Appetit bei steigendem Gewichtsverlust. Es wurde ein Diabetes diagnostiziert, der durch die Cortisongabe verursacht worden war. Minnie bekam zweimal täglich 2 IE Caninsulin®.

Etwa vier Wochen nach dem Behandlungsbeginn mit dem Insulin wurde Minnie in Seitenlage mit vermehrtem Speichelfluss und starken Zuckungen des Kopfes aufgefunden. Der Besitzer brachte Minnie sofort in die Praxis. Dort angekommen, wurde das Blut des Tieres untersucht. Die Katze hatte eine sehr starke Unterzuckerung und dadurch einen Schock erlitten. Der Tierarzt verabreichte intravenös eine Glukoselösung und eine Kochsalzlösung, um das Tier zu stabilisieren. Minnies Blutzucker wurde alle 30 Minuten kontrolliert. Der Zustand verbesserte sich allmählich und der Blutzucker war am nächsten Tag wieder normal. Minnies Insulindosis wurde vom Tierarzt gesenkt, da die Vermutung nahelag, dass sich ihr Diabetes besserte. Der Fruktosaminwert normalisierte sich allmählich und war nur leicht erhöht.

Ausgelöst durch die Cortisongabe hatte sich der Diabetes gebildet. Das Cortison hatte sich im Körper abgebaut und die Werte waren dabei sich zu normalisieren. Das Tier wurde nun nach der Insulingabe und Futteraufnahme etwa vier Stunden lang beobachtet und der Blutzuckerwert noch einmal kontrolliert. Eine regelmäßige Kontrolle des Blutzucker- und des Fruktosaminwertes ist notwendig, um erneute Unterzuckerungen zu vermeiden. Das Insulin wurde in der Dosierung herabgesetzt und allmählich ausgeschlichen. Minnie ist in Remission gegangen und kann vielleicht bald das Insulin ganz absetzen und nur mit diabetischem Futter weiter behandelt werden.

Fazit

Bei einem Tier mit Diabetes gibt es einiges zu beachten: Ernährung, Bewegung und die richtige Medikamenteneinstellung ist am wichtigsten. Sie haben Einblicke in die Ernährung von Katzen erhalten, Sie wissen, was Ihr Tier wirklich braucht, und können anhand der Zusammensetzung einschätzen, welches Tierfutter geeignet ist oder nicht.

Sie können fleißig mit Ihrer Katze spielen, um sie sportlich fit zu halten, und die optimale Medikamenteneinstellung passt der Tierarzt an. Das Allerwichtigste, das zuvor beschrieben wurde, ist der richtige Umgang mit Notsituationen wie Ketoacidose durch Überzuckerung sowie Unterzuckerung!

Miez geht es heute gut, da sie richtig eingestellt ist.

Bei Verdacht auf Ketoacidose müssen Sie sofort (!) den Tierarzt aufsuchen. Machen Sie keine wilden Spritzversuche, um den Blutzucker selbst wieder ins Lot zu kriegen, denn dies wird nicht möglich sein! Sie haben keine Chance, diesen Zustand selbst wieder zu regulieren. Ihr Tier braucht Infusionen, die es nur beim Tierarzt bekommen kann.

Sie können aber auf Ihr Tier achten, um im Notfall bei Unterzuckerungen das Richtige zu tun, denn auch in dem Fall braucht Ihre Katze Ihre Hilfe. Unterzuckerungen sind Notsituationen, die öfter auftreten können. Aufmerksamkeit und die richtige Vorbereitung (Honig vorrätig halten, ebenso Zucker und Einwegspritzen) können Ihrem Tier das Leben retten und Ihnen damit beiden den Tag.

Die Hilflosigkeit, als meine Miez unterzuckert war, und meine Überforderung in dieser Situation haben mich dazu veranlasst dieses Buch zu schreiben. Wenn eine Typ-1-Diabetikerin, die schon Tausende von Malen selbst unterzuckert war, überfordert ist, wie soll es dann jemand anderem gehen, der noch nie in solch einer Situation war und seine Katze noch nie „so anders“ erlebt hat. Das erste Mal ist das Schlimmste! Sie werden nie wieder in diese Situation kommen wollen, aber es kann immer passieren und Sie müssen vorbereitet sein. Daher hoffe ich, dass Sie mithilfe dieses Ratgebers in solch einem Moment wissen, was zu tun ist.

Bleiben Sie ruhig, bewahren Sie einen kühlen Kopf, haben Sie Ihre Katze immer im Blick und Sie werden auch schnell merken, wenn sich das „Wesen“ Ihrer Katze verändert. Auch sollten Sie ein geschultes Auge bei der Einschätzung von Tierfutter haben.

Man lernt aus diesen Situationen und mit der Zeit wird Ihr Leben und das Ihrer Katze nicht vom Diabetes bestimmt.

Man lernt damit zu leben und mit den daraus entstehenden Situationen.

Nierenerkrankungen bei Katzen

Nierenerkrankungen zählen neben Diabetes zu den häufigsten Erkrankungen, die Katzen bekommen können. Besonders oft treten Nierenerkrankungen als Spätfolge beim menschlichen Diabetes auf. Diabetische Nephropathie wird durch erhöhte Blutzuckerwerte ausgelöst und Nephrosklerose (Zerstörung des Nierenkörpergewebes) durch erhöhten Blutdruck.
Bei Katzen ist die Ursache für Nierenerkrankungen nicht hundertprozentig klar. Erhöhter Blutdruck hat eine Wirkung auf Nierenerkrankungen und auch die Ernährung ist ein wichtiger Faktor. Ernährt man seine Katze vorwiegend mit Trockenfutter, kann das Nierenerkrankungen provozieren. Trockenfutter hat nur einen Feuchtigkeitsgehalt von 8 bis 10 %. Katzen haben kein Durstgefühl, sie trinken sehr wenig. In der freien Natur bekommen Katzen durch das Blut ihrer Beutetiere Flüssigkeit. Hauskatzen brauchen nichts zu jagen, sie becircen nur ihr Herrchen oder ihr Frauchen, um an Fressen gelangen. Wenn also eine Katze kein angeborenes Durstgefühl hat, kann es gefährlich werden, wenn die Ernährung nicht optimal abgestimmt wird.

Katzen bekommen nicht nur oft Nierenerkrankungen, das Risiko ist statistisch sogar noch um die Hälfte erhöht ab dem 7. Lebensjahr. Ursachen können neben falscher Ernährung auch Vergiftungen, Infektionen oder eine Disposition aufgrund der erblichen Anlagen sein. Rassekatzen wie Maine Coon, Russisch Blau, Burmesen, Siam und Abessiner erkranken besonders oft an den Nieren. Im Handel findet man mittlerweile sogar Spezialfutter für diese Rassen.

Aufbau und Funktion der Nieren

Die Nieren befinden sich an der Bauchwand unterhalb des Zwerchfells und haben eine an Kidneybohnen erinnernde Form. Das wichtigste Bauelement der Nieren sind die Nephronen, diese bestehen aus Nierenkörperchen und dem Tubulusapparat, einer Art Röhrensystem, das der Filterung von Stoffen zur Entgiftung dient. Der Körper eines Menschen besteht bis zu 70 % aus Wasser. Beim Tier ist es ähnlich. Der Wasserhaushalt, der durch die Nieren geregelt wird, ist besonders wichtig. Der Körper braucht genügend Flüssigkeit, um Harn bilden und ausscheiden zu können. Wenn die Nierenkörperchen zu 75 % oder mehr geschädigt sind, ist ein Nachweis dieser Schädigung erst möglich.

Die Nieren haben wichtige Aufgaben, sie kontrollieren nicht nur den Wasser- und Elektrolythaushalt (Natrium, Kalium, Kalzium und Phosphat), sondern auch den

Säure- und Basenhaushalt, die Ausscheidung von Giftstoffen und sie sorgen für die Bildung und Abgabe von Hormonen, die wiederum den Blutdruck regeln, rote Blutkörperchen bilden und den Vitamin-D3-Haushalt regulieren. Zudem sind die Nieren beteiligt an der Rückgewinnung an Glukose.

Zusammen mit der Leber ist die Niere das wichtigste Stoffwechselorgan zur Entgiftung des Körpers.

Aufgaben der Nieren

- Blutdruckregulation (durch Bildung von Renin)
- Blutbildung (durch Bildung von Erythropoetin)
- Knochenstoffwechsel
  (durch Bildung von Calcitriol und Aufnahme von Kalzium und Phosphat)

Mineralstoffe und ihre Wirkung

Natrium hat Wirkung auf die Funktion von Muskeln und Nerven und kontrolliert den Flüssigkeitshaushalt. Auch der Blutdruck wird durch Natrium reguliert. Ist zu viel Natrium im Blut, wird Wasser aus den Zellen entzogen und der Druck in der Zelle steigt: Der Blutdruck wird erhöht.
Der Referenzwert für Natrium beträgt 145-158 mmol/l.

TIPP

Um den eigentlichen Salzgehalt eines Lebensmittels errechnen zu können, ob für das Tier oder für Sie, muss man den Natriumgehalt mit 2,5 multiplizieren. 1 g Natrium entsprechen 2,5 g Salz, also Natriumchlorid.

Kalium beeinflusst die Erregungsleitung von Muskeln und Nerven und die Enzymaktivität. Sowohl bei zu wenig als auch bei zu viel Kalium kann es zu Herzrhythmusstörungen kommen. Bei starker Austrocknung reagieren Katzen oft mit einer Hypokaliämie, also einem Mangel an Kalium. Durch diesen Mangel kommt es zu einer Schwäche von Muskeln und Nerven. Man nennt dies Ventroflexion. Hierbei machen Tiere eine Art Schwanenhals, ihr Hals knickt nach vorne um und kann nicht mehr von selbst angehoben werden.

Wenn Katzen draußen auf Nahrungssuche gehen können, nehmen sie dadurch auch genügend Flüssigkeit auf.

Kalzium ist wichtig für den Knochenaufbau, verringert die Durchlässigkeit der Zellmembranen und wirkt dämpfend auf die Erregung von Muskeln und Nerven. Bei erhöhtem Blutdruck wird weniger Kalzium und Vitamin D3 aufgenommen und weniger Phosphat ausgeschieden. Der Knochenstoffwechsel ist gestört und es kommt zum Umbau der Knochen und zu Verkalkungen an Herz und Herzkranzgefäßen.

Phosphat gelangt in der Regel mit Kalzium zusammen in den Organismus. Zu viel Phosphat ist gefährlich, ebenso zu wenig Phosphat. Gleichgewicht ist alles. Einen vorliegenden Phosphatmangel erkennt man sehr schwer. Das Tier reagiert mit Appetitlosigkeit, allgemeiner Schwäche und Abgeschlagenheit, Blutarmut und struppigen Fell. Der Referenzwert für Phosphat beträgt 0,8-1,9 mmol/l.

Parathormon wird verstärkt in der Nebenschilddrüse gebildet, wenn zu viel Phosphat im Blut ist. Parathormon und **Calcitonin**, ein Peptidhormon, kontrollieren die Kalzium- und die Phosphat-Homöostase. Darunter versteht man das optimale Gleichgewicht zwischen Kalzium und Phosphat, sodass die Knochensubstanz optimal erhalten bleibt.
Calcitonin wird in den C-Zellen, die in der Schilddrüse und der Bauchspeicheldrüse vorkommen, gebildet. In der Niere steigert Calcitonin die Ausscheidung von Phosphat, Kalzium, Natrium, Kalium und Magnesium. Zu den Aufgaben von Calcitonin gehören die Hemmung der Freisetzung von Kalzium und Phosphat aus den Knochen, die Förderung des Einbaus von Kalzium und Phosphat sowie die Hemmung von Osteoklasten, welche die Knochenstruktur abbauen.

Magnesium beeinflusst enzymatische Reaktionen im Körper, wie die Dämpfung der neuromuskulären Erregungsleitung und die Hemmung der Freisetzung von Hormonen. Calcitonin ist auch an der Magnesium-Homöostase beteiligt. Hierunter versteht man das optimale Gleichgewicht von Magnesium in Muskeln, Knochen und Blut.

Der Kreatininwert

Um Nierenerkrankungen festzustellen, misst man den Kreatininwert im Blut. **Kreatinin** ist ein Abfallprodukt aus dem Muskelstoffwechsel. Je weniger die Niere filtert, desto höher ist der Kreatininwert.

Ebenso kann die Konzentration von Eiweiß (Albumin) im Urin bestimmt werden. Albumin ist ein Plasmaprotein, das nachgewiesen wird, wenn bei Nierenschäden Eiweiß aus dem Blut in den Urin übertritt. Sind zwei Drittel der Nephrone der Nieren geschädigt, lässt sich Eiweiß im Urin nachweisen. Eiweiße werden übri-

HINWEIS

Leukozyten werden immer positiv angezeigt!
Laut Tierarzt ist dies ein Phänomen, das wahrscheinlich durch ein spezielles Protein im Urin ausgelöst wird. Dieses Protein sorgt für falsche positive Werte. In der Praxis wurden Tiere aufgrund der positiven Testergebnisse weiter untersucht und es wurde keine weitere Erkrankung gefunden. Also keinen Schreck bekommen, sollten die Ergebnisse der Leukozyten positiv sein.

gens auch im Urin ausgeschieden, wenn Harnwegsinfektionen vorliegen. Daher ist es immer wichtig, Ihr Tier von einem Tierarzt untersuchen zu lassen, wenn ein Verdacht vorliegt. Durch den Verlust der Nephrone gehen Natriumkanäle verloren und die Natriumkonzentration in der Niere fällt ab. Wasserverlust ist die Folge und die Rückgewinnung von Wasser ist erschwert.
Ärzte veranlassen bei Tieren über 24 Stunden Sammelurin, um das Protein-Kreatinin-Verhältnis zu bestimmen. Der Referenzwert sollte unter 170 µmol/l oder unter 2 mg/dl liegen.

Verschiedene Stadien von Nierenerkrankungen

Eine chronische Niereninsuffizienz wird nach der **Internationalen Renal Interest Society (IRIS)** in verschiedene Stadien eingeteilt. Adaptiert wurde diese Einteilung von der Europäischen Gesellschaft für veterinärmedizinische Nephrologie und Urologie. Als Hauptkriterium für diese Einteilung gilt die Kreatininkonzentration im Blut sowie der Quotient aus Protein und Kreatinin, also der Ausscheidung von Eiweiß im Urin. Auch die Blutdruckwerte spielen bei chronischer Niereninsuffizienz eine wichtige Rolle. Um ausschlaggebende Werte zu erhalten, wird empfohlen, die Werte beim Tierarzt mindestens alle zwei Wochen kontrollieren zu lassen.

Unterscheidung von Nierenerkrankungsstadien nach IRIS

Stadium I

Plasmakreatininwert unter 140 µmol/l bzw. unter 1,6 mg/dl
Werte gelten als krankhaft, aber kein Hinweis auf Nierenversagen

Stadium II

Plasmakreatininwert 140-249 µmol/l bzw. 1,6-2,8 mg/dl
Restnierenfunktion etwa 33 %
geringe Hinweise auf Nierenversagen, schwache Krankheitserscheinungen

Stadium III

Plasmakreatininwert 249-442 µmol/l bzw. 2,9-5,0 mg/dl
Restnierenfunktion bis 25 %
mittlere Hinweise auf Nierenversagen, mittelmäßige Krankheitserscheinungen

Stadium IV

Plasmakreatininwert über 442 µmol/l bzw. über 5,0 mg/dl
Restnierenfunktion unter 10 %
starkes Risiko des Nierenversagens, stark ausgeprägte Krankheitserscheinungen

Vermehrter Durst oder Speichelfluss kann ein Hinweis auf eine Nierenerkrankung sein.

Als diagnostisches Unterstadium gilt der Protein-Kreatinin-Quotient:
a – weniger als 0,2 › kein Eiweißverlust im Urin
b – 0,2 -0,4 › fraglicher Eiweißverlust, der weiterer Kontrolle bedarf
c – über 0,4 › Eiweißverlust (Proteinurie, Eiweiße werden im Urin ausgeschieden)
Der Blutdruck bei Katzen ist höher als beim Menschen.
Stadium 1 – unter 150/95 mmHg › keine Organschäden zu befürchten
Stadium 2 – 150-159/95-99 mmHg › geringes Organrisiko möglich
Stadium 3 – 160-179/110-119 mmHg › mittleres Organrisiko zu befürchten
Stadium 4 – über 180/120 mmHg › hohes Risiko für Organe möglich

Symptome bei Nierenerkrankungen

In den verschiedenen Krankheitsstadien wurde von Krankheitserscheinungen gesprochen, diese können sich unterschiedlich zeigen:

- Appetitlosigkeit und Essensverweigerung
- vermehrter Durst und vermehrtes Wasserlassen
- Apathie
- Erbrechen
- Gewichtsverlust
- erhöhter Blutdruck

Die oben aufgeführten Symptome ähneln sehr stark den Symptomen eines Diabetes und können sich über einige Wochen bis Monate entwickeln. Sie werden oft erst erkannt, wenn die Nierenfunktion schon stärker beeinträchtigt ist und die Organe nur noch zu etwa 30 % funktionstüchtig sind. Es können aber auch weitere Symptome auftreten, wie z. B. Durchfall, Entzündung des Mauls, vermehrter Speichelfluss, Mundgeruch, Austrocknung, Wasseransammlungen/Ödeme.

Symptome bei schwersten Nierenleiden sind:

- Krämpfe
- Delirium
- abnormale Bewegungen
- Muskelerkrankungen
- Koma

Diagnose

Der Tierarzt untersucht zur Diagnosestellung die **Blutwerte**. Kreatinin-, Harnstoff,- und Phosphatwerte sind hierbei ausschlaggebend. Anschließend wird ein Ultraschall oder Röntgen veranlasst. Auch Urinuntersuchungen auf Ausflockungen und Trübungen sowie Sedimentbildung werden durchgeführt. Das spezifische Gewicht wird im Sediment, dem Urinsatz, ausgestrichen und ermittelt. Darin wird festgestellt, ob Zellfragmente ausgeschieden wurden, die auf einen Nierenschaden hinweisen.

Tastuntersuchungen sind bei Tieren eher schwierig, weil diese erst (!) bei hochgradigen Veränderungen möglich sind. Es wird kontrolliert, ob die Niere bei Berührung schmerzt, ob sie sich fest oder verändert anfühlt und ob die Größe

MÖGLICHE THERAPIEN

Für Menschen gibt es wesentlich mehr Möglichkeiten, Nierenerkrankungen zu behandeln. Bei Katzen erfolgt die Therapie in erster Linie über die Ernährung. Die Restfunktionen der Nieren sollen erhalten bleiben, um Verschlechterungen zu verhindern. Wie später genau beschrieben wird, achtet man dabei auf den Gehalt an Eiweiß, Phosphat und Kalium. Je weniger, desto besser!

Um die Nieren zu entlasten, erfolgt die Gabe von Blutdruck senkenden ACE-Hemmern. Je geringer der Druck, desto weniger Arbeit für die Nieren und desto besser die Durchblutung der Gefäße (siehe unten). Tiere, die bereits stärker an den Nieren erkrankt sind, kann man mit Infusionen helfen. Dehydrierte Tiere bekommen Infusionen, wie Kochsalzlösung, Sterofundinlösung, Ringerlösung zur Flüssigkeitsaufnahme. Bei Blutarmut werden Infusionen mit Eisen gegeben.

In der Humanmedizin gibt es außerdem die Dialyse oder eine Organtransplantation. Möglich ist dies auch bei Katzen, aber aufgrund der extremen Kosten wird dies fast nie durchgeführt, zumal auch nur wenige Tierpraxen die erforderlichen Gerätschaften dafür haben. Nierentransplantationen werden in der Regel mit Spenderorganen von Verwandten durchgeführt. Die Wahrscheinlichkeit, eine Spenderniere eines passenden Tieres zu bekommen, ist äußerst gering. Leider sind die Therapiemöglichkeiten begrenzt.

dem normalen Standard (4 cm lang, etwa 3 cm breit) entspricht. Besonders kranke Nieren sind oft verkleinert. Durch Harnrückstau gibt es das Phänomen der Schrumpfniere, während die andere Niere stark anschwillt (Große-Niere-Kleine-Niere-Syndrom).
Per **Ultraschall-** und **Röntgenuntersuchung** lassen sich Veränderungen der Nieren in Größe und Form in früheren Stadien wesentlich schneller erkennen als durch Tastuntersuchungen. Auch Harnstauungen und Zystenbildungen können durch Ultraschall besser erkannt werden.
Chronische Erkrankungen erkennt man im Allgemeinen häufig erst, wenn sich der Zustand rapide verschlechtert (Exazerbation). So ist es oft auch bei Nierenerkrankungen.

Medikamentöse Behandlung

Je höher der **Blutdruck** ist, desto höher ist das Risiko für Organschäden, dies gilt ganz besonders für Herz und Nieren. Die Durchblutung der Nieren wird durch zu hohen Blutdruck geschädigt. Eine medikamentöse Therapie erfolgt bei Tieren über die Blutdrucksenkung durch ACE-Hemmer wie z. B. Fortekor® (Wirkstoff: Benazepril). ACE-Hemmer hemmen Enzyme, wirken dadurch entspannend auf Gefäße und beeinflussen auch den Wasserhaushalt.

Semintra® (Wirkstoff: Telmisartan) gehört zu den Sartanen, einer aus den ACE-Hemmern abgeleiteten weiter entwickelten Gruppe. Sartane hemmen die AT1/Angiotensin-II-Rezeptoren, die für den Blutdruckanstieg zuständig sind. Stellen Sie sich AT1 als eine Horde lauter, teils nicht eingeladener Gäste einer Hochzeit vor und das Sartan ist der Platzanweiser, der die Gäste so in der Kirche verteilt, dass alle, die auch erwünscht sind, einen guten Platz bekommen, glücklich und ruhig sind und alle das Fest genießen können ohne Tumulte.
Sowohl Semintra® als auch Fortekor® werden verordnet, da diese Substanzen die Proteinurie, also die Abgabe von Eiweißen in den Urin verringern.

Medikamentöse Einstellungen erfolgen auch mit dem Wirkstoff Amlodipin. Dies ist ein Kalziumantagonist, der für Tiere unter dem Namen Amodip® erhältlich ist. Kalzium erhöht die Schlagkraft des Herzens und diese soll gemindert werden. Hier ein anschaulicher Vergleich: Es ist, als ob im Herzen Techno gespielt wird, aber das Amlodipin stellt auf für das Herz angenehmere Popmusik um.

Die Therapie mit Blutdrucksenkern soll die Lebensqualität und die Lebensdauer des Tieres verbessern und der Entlastung der Nieren dienen.

Nierendiät

Die Behandlung der Beschwerden erfolgt in jedem Fall auch durch eine Ernährungsumstellung. Beim diabetischen Tier sind es die Kohlenhydrate, auf die man achten muss, bei dem zusätzlich an den Nieren erkrankten Tier muss man auf den Eiweißgehalt und auf Phosphate achten.
Bei Tieren mit Nierenerkrankung wird eine **Nierendiät** gemacht. Futter mit wenig Eiweiß und geringem Gehalt an Phosphat muss gegeben werden. Der Eiweißgehalt, auf den geachtet werden muss, ist das größte Problem, da wir ja zuvor gelernt haben, dass der Energiehaushalt von Katzen auf Eiweiß angewiesen ist (Glukoneogenese). 15 g verdauliches Rohprotein gilt als Tagesmaximum.
Tierfutter aus dem Handel kann man mit 0,86 multiplizieren, um die Menge an Rohprotein zu errechnen. Beim Tierfutter muss zusätzlich auf das Phosphat geachtet werden.

Spezialfutter enthält geringe Mengen an Phosphat, da Phosphatbinder wie Kalziumsalze, etwa Kalziumcarbonat, enthalten sind. Kalziumcarbonat eignet sich als Phosphatbinder, da daraus Kalziumphosphat entsteht und dies vom Körper nicht resorbierbar ist. Es gab früher auch aluminiumhaltige Phosphatbinder wie Aluminiumhydroxid oder Aluminiumcarbonat, die aber Erkrankungen wie Osteopathie (eine Erkrankung der Knochen) oder Enzephalopathie, eine Erkrankung des gesamten Gehirns, auslösen können und daher keine Verwendung mehr finden.
Zu viel Phosphat reichert sich im Blut an und es kommt zu einer verminderten Bildung von Vitamin D3 (Calcitriol). Dies hat zur Folge, dass weniger Kalzium aufgenommen wird und ein Kalziummangel entsteht. Durch das Phosphat wird auch Parathormon aus der Schilddrüse freigesetzt. In 84 % der Fälle entsteht ein Hyperparathyreoidismus, darunter versteht man sämtliche Formen einer Nebenschilddrüsenüberfunktion.

TIPP

Machen Sie ruhig ab und zu den Hautfaltentest. Bilden Sie eine Hautfalte und lassen Sie die Haut wieder los. Bleibt die Falte stehen, ist der Körper ausgetrocknet und braucht dringend Flüssigkeit. Auch die Nickhaut von Katzen kann sichtbar sein, wenn das Tier ausgetrocknet ist. Um die Flüssigkeitszufuhr beim Tier zu erhöhen, kann man gekochte Fleischbrühe oder Thunfischflüssigkeit dem Trinkwasser zufügen.

Ist die Nickhaut sichtbar, kann das ein Zeichen für Flüssigkeitsmangel sein. Beides ist hier nicht der Fall.

Durch den Kalziummangel und den hohen Wasserverlust (Polyurie) wird zu wenig Phosphat ausgeschieden. Es kommt zu einer durch die Nieren bedingten Knochenzerstörung. Die Skelettmuskulatur verändert sich. Tiere können deformiert aussehen durch Verschiebungen der Knochen. Zudem verkalken Nieren, Herz und allgemein die Gefäße.

Nephronen gehen verloren, der Natriumgehalt nimmt ab. Natrium ist aber wichtig für den Wasseraushalt. Die Nieren trocknen aus und können Wasserstoff, Phosphate und Sulfate nicht ausscheiden. Bicarbonat geht verloren und es kommt zu einer Acidose, einer Übersäuerung des Blutes. Organe werden weiter geschädigt. Dieser Vorgang ist vergleichbar mit der Ketoacidose (siehe Seite 60f.).

Das passende Futter

Tierfutter richtet sich allgemein nach den Gewohnheiten, den Bedürfnissen und sogar nach der Rasse des Tieres. Ebenso hat der Körperbau der Katze Einfluss auf die Futterauswahl. Ist die Katze muskulös, schlank mit Haar, dickem Fell oder vielleicht eine Nacktkatze? Auch der Stoffwechsel des Tieres beeinflusst die Anforderungen in der Ernährung. Selbst die Form der Pellets kann wichtig sein, da verschiedene Katzenrassen unterschiedliche Kieferformungen haben. Manche Futter sind für spezielle Rassen rund, andere oval oder eckig.

Im normalen Tierfutterhandel gibt es einige Produkte, die speziell für Tiere mit Nierenproblemen entwickelt sind. Auch hier ist ein geschultes Auge wichtig, denn es gibt im Handel sowohl Futtersorten für eine **Nierendiät** als auch für eine **Blasendiät**.

Blasendiäten werden gemacht, wenn die Katze zu Harnsteinen neigt. In solchen Fällen kann die Ernährung mit Spezialfutter, wie Royal Canin® Urinary erfolgen, das Vitamin D3, Eisen, Jod, Kupfer, Mangan, Zink und Selen enthält. Premiere Urinary enthält außerdem noch Zusätze an Vitamin A und Vitamin C (Letzteres ist unnötig, da Katzen dies selbst synthetisieren), Taurin sowie Ammoniumchlorid als Antioxidans. Von Hills® erhalten Sie beim Tierarzt das Prescription Diät c/d Feline Urinary mit Huhn und Lachs als Nass- und als Trockenfutter.

Für die **Nierendiät** gibt es spezielle Produkte, die Sie direkt beim Tierarzt erwerben können, aber Sie können ebenso im Tierfachmarkt geeignete Futtersorten erhalten wie zum Beispiel Royal Canin® Renal Feline. Die Rezeptur ist alkalisierend gegen Acidose (Übersäuerung) und hat einen geringen Gehalt an Phosphaten.

Sämtliche Hersteller geben Dosier- und Fütterungsempfehlungen für ihre Produkte auf der Verpackung an.
Beispiel: Royal Canin® Renal Feline

Körpergewicht	mager	normal	übergewichtig
5 kg	74 g	62 g	56 g

Medica® Nierendiät: Reis und Gerste sind enthalten. Der Gehalt an Natrium (0,18 %), Kalium (0,9 %) und Phosphor (0,14 %) ist sehr gering gehalten.

HINWEIS

Bei der richtigen Zusammensetzung von Futtermitteln wird immer von dem Phosphatgehalt gesprochen. Phosphat ist das Salz des Elements Phosphor. Phosphor liegt aber im Körper nicht elementar, sondern in Form von Phosphaten vor. Daher wird hier in der Regel vom Phosphatgehalt geredet. Die Hersteller verwenden aber bei den Angaben über die Menge der Inhaltsstoffe den Begriff Phosphor. Diese Werte sind immer die Grundlage für die Berechnung des richtigen Kalzium-Phosphor-Verhältnisses. Lassen Sie sich also nicht verwirren.

Animonda® Integra Protect Niere: Gibt es in Huhn und Schweinegeschmack. Der Gehalt an Natrium (0,17 %), Kalium (0,18 %) und Phosphor (0,16 %) ist niedrig. Das Produkt enthält keinen Zusatz von Zucker.
Kattovit® Niere: In verschiedenen Geschmacksrichtungen erhältlich wie Lamm, Huhn, Huhn + Ente, Ente + Reis, Truthahn und Rind. Die Zusammensetzung der Dose mit Lamm enthält Natrium (0,08 %), Kalium (0,17 %) und Phosphor (0,14 %).

PetBalance® Medica: Dieses Produkt gibt es als Nierendiät und als Harnsteindiät in Huhn- oder Rindgeschmack.

Die Nahrungsumstellung

Spezialfutter für an den Nieren erkrankte Tiere wird geschmacklich oft abgelehnt, zumal erkrankte Tiere ohnehin meist unter Appetitlosigkeit leiden. Eine schnelle Nahrungsumstellung ist wünschenswert und kann binnen einer Woche versucht werden.

1. und 2. Tag	25 % neues Futter, 75 % bisheriges Futter
3. und 4. Tag	50 % neues Futter, 50 % bisheriges Futter
5. und 6. Tag	75 % neues Futter, 25 % bisheriges Futter
ab dem 7. Tag	100 % neues Futter

Sollte eine derart schnelle Umgewöhnung nicht funktionieren, wird empfohlen, das Spezialfutter über mehrere Wochen beizumischen, um eine Ablehnung des Futters zu vermeiden. Tiere können das allgemeine Unwohlsein auf das Futter zurückführen. Bevor Ihr Tier aber gar nichts frisst, sollten Sie ihm lieber etwas anbieten, das vielleicht nicht bestens für seine Bedürfnisse geeignet ist, das aber wenigstens gefressen wird.

Ihr Tier muss essen!!!

BARFen bei Nierenerkrankungen

Auch bei Nierenerkrankungen ist es sinnvoll zu BARFen. Da Katzen kein Durstempfinden haben, können sie dehydrieren, wenn sie nur mit Trockenfutter ernährt werden. Die Nieren werden dadurch geschädigt und Nierenerkrankungen können die Folge sein. Beim BARFen werden die Nieren gut durchspült und Nierenerkrankungen kann vorgebeugt werden. Und auch wenn schon eine Nierenerkrankung besteht, ist es sehr wichtig, dass die Katze genug Flüssigkeit aufnimmt, was wiederum durch Fütterung von frischem Fleisch gewährleistet werden kann. Beim Diabetes sollte man dem Tier reichlich Eiweiß, aber möglichst wenig Fett

Nierenkranke Katzen müssen eiweißarm, aber dafür fetthaltiger ernährt werden.

und am besten keine Kohlenhydrate zuführen (Ballaststoffe davon ausgenommen). Bei Nierenerkrankungen ist es genau umgekehrt. Hier sollte man sein Tier mit möglichst wenig Eiweiß, dafür aber fetter und auch mit reichlich Kohlenhydraten ernähren. Fisch und Fleisch haben einen unterschiedlichen Gehalt an Eiweißen und Fett. Weniger Eiweiß ist z. B. in Kabeljau, Makrele, Pangasius, Heilbutt, Aal oder Seeteufel enthalten. Zu dem eiweißärmeren Fleisch zählen Lamm, Nieren vom Rind, Rinderzunge, Schweinespeck oder Nackensteak.

TIPP

In der Apotheke gibt es oft die Möglichkeit, Nährstofftabellen zu beziehen. Darin ist alles an Inhaltstoffen von Fetten und Ölen, Fisch, Fleisch, Getreideprodukte usw. aufgelistet. Beim BARFen können sie zwischen den vielen Fleisch- und Fischsorten auswählen und variieren.

Merken Sie etwas? Weniger Eiweiß, aber dafür ordentlich Fett (Nackensteak, Speck, Makrele). Nierenkranke Tiere magern sehr oft stark ab, daher sollte darauf geachtet werden, dass das Körpergewicht in einem gesunden Bereich gehalten wird. Sie können beim BARFen auch mal anderes Fleisch füttern, jedoch sollte darauf geachtet werden, dass nicht nur Eiweißbomben im Napf landen. Zu den eiweißreichen Fleisch- und Fischsorten zählen z. B. Thunfisch, Putenfleisch, Hühnerfleisch, Kalbsleber und Rindfleisch.

Wer sich nicht die Mühe machen möchte, die Rezepte selbst zusammenzustellen (siehe das Buch „Katzen BARFen“, erschienen bei Oertel+Spörer) kann auch fertige BARF-Produkte speziell für Katzen mit Nierenerkrankungen bei verschiedenen Händlern bestellen. Ein Beispiel ist www.futtermedicus.de. Hier werden u. a. Muskelfleisch mit hohem Fettgehalt wie von Gans, Ente, Lachs oder Makrele bei den Produkten für Katzen mit Nierenerkrankungen verwendet.

Wie bereits im Kapitel über die Ernährung von Katzen mit Diabetes beschrieben wurde, kann man verschiedene Sorten von geraspeltem Gemüse wie Karotten,

DIE KRUX

Beim Diabetes ist eine reichhaltige Ernährung mit Eiweiß wichtig. Wenig Kohlenhydrate, aber viel Eiweiß! Bei Nierenerkrankungen ist es anders, da braucht ein Tier möglichst wenig Eiweiß, aber viele Kohlenhydrate. Die Krux an der Sache ist offensichtlich. Bei der Ernährung einer Katze mit Diabetes und Nierenproblemen heißt es: **Entweder – oder.**

Man kann nicht beide Bedürfnisse bedienen. An erster Stelle steht die gute Einstellung des Diabetes. Als ich in einem Tierhandel meine Recherche startete, bekam ich von einer Fachverkäuferin Produktempfehlungen und auf meine Frage, ob es ein Produkt geben würde, dass für nierenkranke Diabetiker-Katzen geeignet ist, antwortete sie mir: „Nein, entweder – oder.“ Entweder stirbt mein Tier an Diabetes oder an der Nierenerkrankung.

Harte Worte, aber leider wahr! Durch beide Erkrankungen kann das Leben Ihres Tieres verkürzt sein, aber man kann mit der richtigen Einstellung damit leben und das Tier länger am Leben erhalten. Ihr Tierarzt wird im Falle einer Erkrankung der Nieren und Diabetes am besten entscheiden können, welche Therapie an erster Stelle steht.

Kürbis oder Sellerie zufügen. Als Kohlenhydrate „kann" man Kartoffel oder Reisflocken beimischen. Als öligen Zusatz ist es möglich, Sonnenblumenöl, Butter oder Schmalz zuzugeben. Sie werden feststellen: Katzen lieben (!) Fett.

Vitamin Optimix® ist ein Vitamin- und Mineralstoffpräparat, das speziell über Futtermedicus vertrieben wird und den Nährstoffgehalt des Tieres konstant halten soll. Es kann bei der BARF-Ration noch hinzugefügt werden.

Fallbeispiel aus der Tierarztpraxis

Minka, 13 Jahre, 4,4 kg, Europäisch Kurzhaar
Glukose (Richtwert 3,7-6,9 mmol/l): 26,6 mmol/l, 482 mg/dl
Fruktosaminwert (Richtwert 200-340 µmol/l): 494 µmol/l
Kreatinin (Richtwert 0-169 U/l): 214 U/l
Urin-Protein-Kreatinin-Quotient (Richtwert <0,4): 0,6
Harnstoff (Richtwert 5-11,3 U/l): 14,5 U/l

Minka wurde mit einem schwer einstellbaren Diabetes in die Praxis gebracht. Der Diabetes wurde sechs Monate vorher festgestellt. Anfangs war Minka auf eine kohlenhydratarme Diät eingestellt und bekam zweimal täglich 1IE Caninsulin® verabreicht. Die Insulindosis wurde mehrfach angepasst, doch der Blutzucker schwankte weiter und war nicht einstellbar. Eine Umstellung auf Insulin Glargin folgte (Lantus®), dennoch zeigte die Katze vermehrten Durst und Harnfluss und verlor auch weiterhin an Gewicht.
Es wurde festgestellt, dass Minkas Kreatininwert weit über dem Normalwert lag. Die Nieren zeigten bei der Ultraschalluntersuchung eine Verkleinerung. Eine Insulinresistenz durch eine Nierenerkrankung lag vor.
Eine Nierenerkrankung tritt oft bei älteren Katzen auf. Man vermutet, dass Nierenerkrankungen vorwiegend bei Katzen durch erhöhten Blutdruck begünstigt werden konnen. Auch durch Diabetes können Nierenerkrankungen begünstigt werden, jedoch kann dies bei Minka aufgrund der erst kürzlich festgestellten Diabetes ausgeschlossen werden. Die Katze wurde für ein Blutzuckertagesprofil in die Praxis gegeben. Durch die Nierenerkrankung wurde eine Insulinresistenz ausgelöst, daher wirkte das Insulin nicht mehr optimal.
Wie bei einer Ketoacidose kann durch die Nierenerkrankung der Körper ausgetrocknet sein und Insulin kann nicht richtig wirken. Die Dosis des Insulins wurde angepasst und erhöht, zudem wurde das Futter der Katze umgestellt, um eine positivere Wirkung auf die Nieren zu erhalten. In der Regel gilt oft: Diabetes vor Nierenerkrankung. Hier wurde es anders gemacht. Da die Katze erst vor Kurzem

an Diabetes erkrankt war, haben die Ärzte der Nierenerkrankung den Vorzug gegeben und passen die Insulindosis dem Spezialfutter an. Bei Futter, das für Katzen mit Nierenerkrankungen hergestellt wird, ist ein hoher Anteil an Kohlenhydraten und Fett enthalten und nur ein geringer Anteil an Eiweiß. Die erhöhten Kohlenhydrate werden in der Insulintherapie berücksichtigt.

Zum Schluss

„Wenn mich meine Katze anschaut,
sehe ich ihre Augensterne leuchten und funkeln.
Sie hat etwas, was mich bewegt und unter die Probe stellt.
Wer sie kennt, liebt sie und achtet sie.“
(Anais Haupt)

Zum Abschluss möchte ich Ihnen allen Mut machen. Diabetes ist eine Krankheit, sie ist nicht super – welche Krankheit ist das auch schon? –, aber man kann damit leben. Ihr Tier wird es auch können. Dasselbe gilt für Nierenerkrankungen. Die erste Zeit und die Umstellung kosten Kraft und Nerven, aber die Routine macht den Alltag. Sie werden sich schneller daran gewöhnen, als Sie denken, und Ihr Tier ebenso.

Bei guter Einstellung hat Ihr Tier auch reelle Chancen auf ein gutes, langes Leben. Aller Anfang ist schwer, aber das sind Anfänge doch immer. Man gewöhnt sich an die neuen Umstände, wird aufmerksamer in Bezug auf Inhaltsstoffe der Nahrung und achtet mehr auf das Verhalten des Tieres. Je eher man sich einer Situation stellt, desto eher lernt man damit zu leben und kann das Leben wieder genießen.

Diabetes ist eine Erkrankung mit der man gut leben kann, wenn sie richtig eingestellt ist! Dasselbe gilt für Nierenerkrankungen. Beide Erkrankungen sind keine Todesurteile!

Hoffentlich hilft Ihnen dieser Ratgeber dabei, für alles gewappnet zu sein. Vergessen Sie nicht: Sie sind nicht allein! Bei Fragen hilft Ihnen Ihr Tierarzt.
Miez geht es heute gut, aber sie muss regelmäßig ihr Insulin bekommen. Für Miez gehört die Spritze vor der Fütterung dazu, sie schnurrt mittlerweile sogar dabei. Ich vermute, es ist die Vorfreude auf das Futter! Sie hat sich daran gewöhnt und auch Ihr Tier wird es.
Miez muss aber noch immer einen strikten Essensplan einhalten, denn ein bisschen Speck kann sie auch noch verlieren, aber das wird schon allmählich weniger.

Wie Sie gleich feststellen werden, kann man mit Diabetes wirklich gut leben, man kann viel erleben und sogar die Welt bereisen. Ich mache nur Spaß! Ein kleiner Spleen von mir ist die Rundreise von Miezis Katzenfoto vor Sehenswürdigkeiten

dieser Welt. Inspiriert wurde diese Aktion durch den französischen Film „Die fabelhafte Welt der Amelie“, in dem der Hauptcharakter Amelie den Lieblingsgartenzwerg ihres Vaters durch eine als Stewardess arbeitende Freundin um die Welt schickt und ihrem Vater Fotos von den Reisen schickt. Dort sieht man den Gartenzwerg vor Sehenswürdigkeiten posieren und bei mir ist es meine Katze Miez.

Mittlerweile nehmen selbst Freunde und Arbeitskollegen meine Katzenfotos mit, um meine Sammlung zu erweitern. Selbstverständlich reist Miez nicht selbst, daher Tierschützer aller Welt, atmet tief ein und aus und erfreut euch an den Reisen meiner Miez, die sie per Foto unternimmt. Vielleicht zaubert es Ihnen ja auch ein Lächeln ins Gesicht.

Achten Sie auf Ihren kleinen Stubentiger und auf sich selbst!

Dankeschön

Mein Dank geht an meine alte Freundin Sarah, die mich beim Schreiben des Ratgebers mit ihrem Wissen als Tierärztin unterstützt hat und mir Frage und Antwort stand. Dir gebührt ein großer Anteil an diesem Werk, denn ich als PTA weiß, wie Menschen „ticken“, und Du als Tierärztin weißt, wie Katzen „ticken“!

Frau Carmen Meyer von Fressnapf, die mit einer erkrankten Katze sich selbst alles beigebracht hat, gab mir gute Tipps, hat mir die passenden Produkte bei verschiedenen Erkrankungen gezeigt und mir von ihren eigenen Erfahrungen berichtet hat. Bei meiner „Ich stell mich mal doof“-Undercover-Recherche haben Sie mich sehr überrascht mit Ihrem Wissen, Ihre Kunden können froh sein Sie zu haben! Vielen Dank.

Besonders danke ich meiner Familie und meinen Freunden, die mir zur Seite standen und mich unterstützt haben. Papa, Du bist der Beste! Meiner Schwester danke ich für die Benutzung Ihres Laptops, als meiner nicht wollte oder konnte. Nadine F. und Steffi W. – als Miez krank wurde und ich am Boden war, wart ihr da und habt mir Mut gemacht und geholfen.
Rebecca und Julia M. – danke für Euren Optimismus in allen Lebenslagen.

Vielen Dank auch an meine Kollegen der Apotheke Blockdiek in Bremen, die oft wie eine Zweitfamilie sind. Katrin, vielen Dank fürs Probe- und Korrekturlesen.
Dr. Gabriele Lehari, die als freie Mitarbeiterin vom Verlag Oertel+Spörer für die Tierbücher zuständig ist, danke ich besonders für das Vertrauen und die Verwirklichung dieses Ratgebers. Jemanden, der neu auf diesem Gebiet ist, eine Chance zu geben, bedeutet mir eine Menge.

Es gibt auch einem Mann, dem ich ALLES zu verdanken habe: Dr. Wolfgang Marg. Damals 1995 haben Sie mein Leben gerettet und ich kann Ihnen nicht genug dafür danken. Ich hoffe es freut Sie, dass ich ein gutes Leben führe und auch etwas Sinnvolles damit mache. Sie haben mir geholfen und ich versuche nun anderen zu helfen. Danke!!!

Und wen darf ich nicht vergessen?
Meine kleine Miez, die mich seit nun fast schon acht Jahren auf Trab hält, mein Leben mit ihrem Schnurren bereichert hat und mir viel Freude bereitet und mich inspiriert.

Quellenangaben

Gröber, Uwe: Mikronährstoffe für die Kitteltasche.
Wissenschaftliche Verlagsgesellschaft Stuttgart, 2002/2003.
Mutschler, Ernst et. al.: Mutschler Arzneimittelwirkungen.
Wissenschaftliche Verlagsgesellschaft Stuttgart, 2012.
von Quillfeldt, Petra: Katzen BARFen. Oertel+Spörer Reutlingen, 2015.

Wehner, Astrid und Hahn, Carolin: Diabetes mellitus bei der Katze – Umgang mit Problemfällen. kleintier.konkret, Enke Verlag, Ausgabe 1, 2015: S. 27-39

Boehringer Ingelheim Infobroschüre
Hexal Infobroschüre
Roche Diagnostics Infobroschüre
Intervet Deutschland GmbH / MSD Pharma Caninsulin® und VetPen®

Verschiedene Internetforen

Sarah A., Tierärztin, mündliche Mitteilungen

Register